U0010882

氣象大解密

觀天象、談天氣，解惑常見的 **101** 個氣象問題

What does rain smell like?

作者

西蒙 ‧ 金
Simon King

克萊爾 ‧ 納西爾
Clare Nasir

譯者

林心雅 / 李文堯 / 田昕旻

晨星出版

西蒙 /
感謝妻子艾瑪（Emma）全力支持，
獻給最棒的孩子們諾亞（Noah）與尼爾（Nell）。

克萊爾 /
致我最棒的天氣評論家及最親愛的丈夫克里斯（Chris）。

目 錄

前 言

每個人都是氣象預報員。

我們多少都會關心一下今天或者下一小時的天氣。從古至今，觀察並了解天氣已經成了人類生存本能的一部分。

天氣能夠滋養生命，也能夠危害生命，人類的生存常取決於其中微妙的平衡，因此我們觀察天空中的種種線索來幫助我們預測未來的天氣。漂移雲朵的顏色、陰影與捲曲的形狀等都能提供我們線索。從遠古看天吃飯的社會，到人類活動反過來造成氣候變遷的今日，人們和天氣的關係一直密不可分。我們適應天氣變化之餘，難免也有所期待，像是想要個下雪的聖誕節，或是晴朗的週末。但也有一群人樂於闡明天氣千變萬化的「原因」，並將氣象研究視為一生的志業。本書正是寫給這些對天氣現象感到好奇的讀者。

我們對氣象抱持著高度的熱忱，它一直是我們數十年來生活中的重心。1987 年一場侵襲英格蘭的大風暴是當時年僅 7 歲的西蒙為天氣著迷的契機。克萊爾則長年從事大氣與海洋型態的數學及物理分析。

我們都是在英國氣象局接受過廣泛訓練的天氣專家，談天氣是我們專長。我們也常收到許多與氣候有關的問題。

這本書提供了各種精采的談天資料、驚異的事實與數據，也解答許多常見的氣象問題，且討論了一些比較罕見的天候現象。

讓我們一起來一趟精采的氣候之旅吧！深入探究錯綜複雜卻美麗地令人崇敬的天氣世界。

西蒙 · 金
克萊爾 · 納西爾
2019 年 9 月

第一章／

太陽

💡 天空為什麼是藍的？

　　每一天的天空是藍的（當然，除了陰天以外），但是空氣並不是藍色的。簡而言之，來自太陽的光線，穿過地球的大氣層，進入我們眼睛之後讓天空看起來是藍的。太陽看起來雖然比較接近黃色或橙色，但陽光其實是白色的，而白光實際上是由紅、橙、黃、綠、藍、靛、紫7種顏色組合而成，7種顏色的光在大氣中傳播的能量略有不同，我們稱之為波長。當陽光穿過大氣時，大氣中的冰、水或氣體分子將白光分散成上述的7種顏色，這就是所謂的瑞利散射（Rayleigh scattering），為19世紀英國科學家瑞利所發現。波長短的藍紫光散射比紅黃光明顯，同時人類眼睛對藍色敏感度較高，所以整個天空看起來都是藍的。

　　在天氣晴朗時，天頂的顏色看起來比較藍，這是因為從地平線進入我們眼睛的光線要穿過較厚的大氣層，被散射掉的藍光比較多，所以接近地平線的天空看起來就沒有那麼藍，呈現乳白色。

💡 太陽對氣象與氣候的影響

　　太陽是維繫地球乃至於整個太陽系運作的關鍵，來自太陽的光、熱以及重力對地球的天氣與氣候都有決定性的影響。太陽表面像是一鍋洶湧翻騰的氣體，不斷向外噴發巨大的能量。

這些能量不時會進入地球的大氣層。在我們討論太陽能量對地球的影響之前，讓我們先看看太陽的結構。

　　太陽半徑約 69 萬 5,510 公里，地球半徑約 6,371 公里，換言之，太陽的體積是地球的 130 萬倍。一般認為太陽大約生成於 46 億年前，只比地球的 45 億年早一點點。太陽的組成物質約 92 % 是氫，其他幾乎都是氦，還有少量的氧、碳、氮等物質，加上核心超高溫與高壓的條件，太陽基本上就是個核融合反應爐。雖然太陽主要是由氣體組成的星球，它還是有核心與大氣層，太陽核心溫度可達 1,500 萬℃，溫度逐漸向外層降低到 200 萬℃，這個溫度已經不夠維持大規模的核融合反應，太陽的表面溫度大約只有 5,500℃，我們看見的陽光就是從太陽表面發射出來的。但是大氣的最外層溫度又迅速增加到 200 萬℃左右。

太陽的結構

核心（**Inner core**）

溫度可達1,500萬℃，重力作用在太陽的核心產生巨大的壓力。核融合反應不斷將氫原子轉換成氦原子，過程中產生的巨大能量向外輻射，最後進入太空中。

輻射層（**Radiative zone**）

約占太陽厚度的45 %，核心所產生的能量以光子的形式在輻射層中向外擴散，此過程極為緩慢，因為光子不斷被輻射層內的氣體吸收後再釋放，時間長達數十萬年。太陽的溫度在輻射層中逐漸減少約1300萬℃。

對流層（**Convection zone**）

太陽的表層，溫度大約維持在200萬℃。光子離開輻射層後，在對流層中以對流的方式（熱的上升與沉降）向外移動；對流作用可由太陽表面顏色變化觀察得知，較明亮的部位表示物質在此上升，黯淡的部位表示物質在此沉降。光子達到對流層表面後就形成我們看見的陽光。輻射層與對流層的溫度皆低於核心。

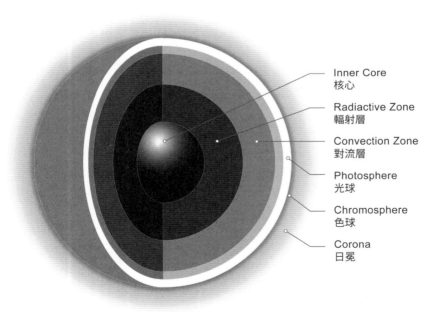

Inner Core
核心

Radiactive Zone
輻射層

Convection Zone
對流層

Photosphere
光球

Chromosphere
色球

Corona
日冕

圖・太陽的結構

太陽有大氣層嗎？

就像地球一樣，太陽也有大氣層，可細分為三層：

光球（**Photosphere**）

太陽大氣的最內層，厚度約500公里，溫度約維持在5,500℃，可見光由此向太空輻射，偶爾可見噴發的電漿或較低溫的太陽黑子。

色球（**Chromesphere**）

溫度高於光球。在日蝕發生時可以看到此處發出紅色的光芒，故得名。溫度約在4,300℃上下。

日冕（**Corona**）

太陽大氣最熱的一層，溫度可達200萬℃，是光球的300倍。一般無法從地球觀察到，只有在日全蝕發生時可以看到白色離子化的氣體向外噴發。該氣體冷卻後即成為所謂的太陽風。科學家目前還在爭論日冕高溫的成因，有一派的理論認為高溫是由一連串的爆炸所產生，爆炸的能量相當於每秒數以百萬計的千萬噸級氫彈不斷在日冕爆發。

太陽有自轉、公轉或搖擺嗎？

太陽因為周圍行星重力的牽引會有微幅的搖擺。此外太陽也有自轉，但是跟我們熟悉的地球自轉有點不一樣，由氣體組成的太陽，每個緯度的自轉速度都不相同。太陽與整個太陽系繞著銀河系公轉，是銀河系的一臂，銀河系則向仙女系星雲移動中。

陽光如何影響地球？

　　一年到頭太陽輻射的強度大致維持不變，但是地球表面接收的能量卻因季節與緯度而異。太陽一部分的能量被地表或海洋吸收轉變為熱能，因而提升地表或海洋的溫度。不同性質的表面會反射或吸收不同比例的能量，這便是所謂的反照率（Albedo）。地球上很少有地方反照率可以達到 1（完全反射）或 0（完全吸收），剛落下的新雪反照率可達 0.8，森林反照率只有 0.15。雲層也能反射部分的入射光，同樣地，一般淺色的表面（如雪地）能反射光線，而深色的表面（如森林或海洋）則會吸收較多光線。

　　陽光照在地球表面，部分能量被地表吸收或反射回去，甚至是介於兩者之間，因為沒有任何光線能完全被地表吸收，或完全反射回去。地表的性質會影響到能量的分配，如果是厚實的地面，日照無法深入，只有表面淺層能夠吸收到熱量；但如果是水面，光線可以深入水面以下，熱量可以分布到更廣的水體。這就是為什麼沙漠在白天溫度很高，但是到了夜晚地表的熱量發散得很快，所以溫度就倏地降下來了。海水的溫度在春夏兩季逐漸地上升，等到冬天積蓄的熱量再緩緩釋放出來，這對調節氣溫有非常神奇的效果，一般而言沿海地帶的冬天比內陸暖和，夏天也比內陸涼爽。大氣層就像毯子一樣，能夠攔截地表輻射的熱量，大氣的環流又能將熱量帶到世界各個角落。月球雖然也有陽光照射但溫度卻極低，就是因為沒有大氣層的關係。除了熱能外，綠色植物也能利用光合作用將光能轉換成化學能，是生物界賴以生存的關鍵。

地球的緯度對日照有什麼影響？

　　由於地球與太陽的相對位置，赤道接收的太陽輻射最多。太陽在春分和秋分兩天都位於赤道上方（晝夜等長），因此太陽直射赤道的時間比其他緯度都長。夏至是一年之中白晝最長的一天，在北半球，太陽直射的位置達到一年的最北端；反之冬至是一年之中黑夜最長的一天，太陽直射的位置達到一年的最南端。

午夜的太陽 *(The Midnight Sun)*

　　在南北兩極，夏至時太陽輻射達到最高點，但是不同於赤道，太陽不會升至天頂，但是太陽 24 小時都在地平線以上，此時在北極圈或南極圈以內可以觀賞到午夜太陽的奇景。愈接近兩極，日不落的天數愈長。在北極圈，從 6 月 12 日至 7 月 1 日都是永晝；南極圈內的永晝則大約發生在 12 月 21 日前後兩週的時間。

極夜 *(Polar night)*

　　在冬至的前後幾週，太陽完全消失在地平線之下，這就是所謂的極夜現象，此時最常出現極端低溫，南極曾經觀測到零下 89.2℃ 的低溫，是目前最低溫的世界紀錄。而衛星曾經在 2004 年 1 月的南極大陸東側觀測到零下 98.6℃ 的低溫。秋分之後，極圈內就再也看不到日升日落，起初還會有一段時間的暮光，隨著冬季的腳步愈來愈接近，暮光的時間也逐漸縮短，最後終於進入極夜的狀態。這大約發生在北極的 11 月中至 1 月下旬之間。太陽一直要到春分才會再度升起，從某種程度而

言，北極的正午是夏至，午夜則是冬至。

地球為什麼會有四季？

　　太陽輻射的強度決定了季節。地球依橢圓形軌道繞行太陽，但地球與太陽的距離變化並非決定季節的真正因素，造成季節交替的原因其實是傾角 23.4° 的自轉軸，當地球繞日公轉時，自轉軸傾角維持不變，傾向太陽的半球即是夏天，遠離太陽的半球則是冬天。這是因為傾向太陽的半球，日照比較強烈，因此氣候比較溫暖；遠離太陽的半球，由於日照減弱，氣候也較寒冷。在赤道附近，季節的變化主要顯現在乾溼氣候的交替，這是因為大氣對流最旺盛的緯度隨季節移動。中緯度地帶春、夏、秋、冬四季的交替則比較明顯。總之，沒有自轉軸的傾斜就不會有四季。

什麼是紫外線？

　　紫外線其實是光的電磁波譜中的一部分，我們一般所說的光，實際上是太陽發射的電磁波，根據波長與頻率，又可以細分成幾個部分：

無線電波 （Radio waves）	太陽光譜最低頻也是能量最低的波段。但擁有最長的波長，範圍在1公分到100公里之間，可用於無線通訊，將訊息在兩點之間傳播。廣播、電視、行動電話都使用這個波段，太空中的其他星體也能發射無線電波，無線電波望遠鏡可以用於捕捉來自太空的無線電波。
微波 （Microwaves）	太陽光譜次低頻的波段，波長範圍在1毫米到30公分之間，微波可以穿透物體，使脂肪或水震動而產生熱，這就是為什麼微波爐可以用來加熱。微波也可以用於通訊，行動電話或家中的無線網路都使用這個波段。
紅外線 （Infrared）	太陽光譜中低頻的波段，室溫下物體所發出的熱輻射大多在紅外線波段，但並非所有的紅外線都能產生熱量，最廣定義紅外線波段在數毫米到750奈米之間，波長較短的近紅外線常用於影像技術，傳播熱能的紅外光波長較長。輻射（Radiation）是熱傳播的三種方式之一（其他兩種方式為對流與傳導），太陽能量被地表吸收後，以紅外線的形式將熱能重新輻射出去。
可見光 （Visible light）	光譜中人類眼睛可以看見的部分，由彩虹的七種顏色組成，紅光頻率最低，藍紫光頻率較高。不同的物體可以吸收或反射不同波長的光，物體的顏色即由吸收或反射的光而決定，黑色物體吸收所有的顏色，白色物體反射所有的顏色，其他顏色由不同比例的光組合而成。

紫外線 （**Ultraviolet**）	經常被廣泛報導的一種電磁波，人類無法看見也無法感覺這種電磁波，但是接觸紫外線會讓我們的皮膚變黑，甚至曬傷；但少量的紫外線可以提供人體基本劑量的維生素D。紫外線被廣泛應用在工業或醫學上，例如殺菌或螢光效果。
X光 （**X-rays**）	非常高頻的高能量電磁輻射，來自太陽的日冕輻射，只有熾熱的氣體才能發出X光，來自太陽的X光無法穿透地球的大氣層。地球上一些物質也能發出X光，X光機利用高速移動的電子激發X光，可以穿透人體軟組織，但無法穿透骨頭，因此能用來檢查骨折。
伽瑪射線 （**Gamma rays**）	波長最短、頻率最高，因此也是太陽輻射中能量最高的電磁波。伽瑪射線離開太陽核心進入太陽外層時就被電漿吸收，轉變成較低頻的輻射。最強的X光與伽瑪射線兩者幾乎沒有分別，唯一的區別是兩者的來源，伽瑪射線產生自原子核的核衰變，X光則來自高速電子的撞擊。

　　所有波長的電磁波都能在地球或太空傳輸能量，空氣、聲音、水都能以機械波或擾動的形式成為傳播能量的媒介。電磁波則完全不需要任何介質，能夠以波或光子的形式在太空中傳播。電磁波儘管有不同的特徵，在太空中都以每秒約30萬公里的光速前進。然而許多波段的輻射都會被地球大氣拒於門外，只有少數能夠達到地表。地球的大氣看起來雖然是透明的，但是可以阻擋 X 光與伽瑪射線，這其實是件好事，因為這兩種射線都對人體有害。

　　顯而易見，可見光能夠達到地表，部分無線電波可以穿透大氣，部分則被大氣電離層反彈，電離層大約離地表 85 公里，富含離子與電子。同樣地，部分的紅外線以及紫外線也被反射回太空，或被更高層的大氣層所吸收。

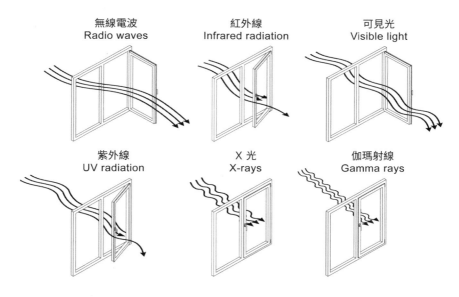

圖・只有特定波長的光線能穿透地球的大氣層，就好像窗戶的開闔系統

什麼是臭氧層？

　　大多數的紫外線被大氣中的臭氧層吸收，在離地表 10 ～ 50 公里的平流層高處，有一層極薄的臭氧，有效地阻擋了太陽輻射中的紫外線。

　　氟氯碳化物（ChloroFluoroCarbons，CFCs）曾經被廣泛使用於人們日常生活中，到 20 世紀下半葉，科學家才意識到

該化學性質會破壞臭氧層，經過多方的爭議，各國政府才終於禁止在冷凍劑或壓縮噴霧劑中使用氟氯碳化物。但近年來，又有科學家開始擔心逐漸增厚的臭氧層攔阻過多的紫外線，反而造成了反效果。

不同的類型紫外線如何影響我們？

紫外線可以根據波長分成三類：

紫外線 A（UVA）、紫外線 B（UVB）、紫外線 C（UVC）。

紫外線 A（315 ～ 400 奈米）

　近紫外線，波長最長，可穿透大氣層。

紫外線 B（280 ～ 315 奈米）

　中紫外線，約90％被臭氧層吸收，其餘穿透大氣層。

紫外線 C（100 ～ 280 奈米）

　遠紫外線，波長最短，全部被臭氧層吸收，無法到達地球表面。

紫外線 A 對地球生命的影響最大（占全部紫外線的95％），人工曬黑機使用的即為紫外線 A，過度曝曬可能導致皮膚癌。紫外線 A 穿透力最強，可以深入真皮層和皮下組織。紫外線 B 則無法穿透皮膚表層，但可能曬黑皮膚或造成灼傷，是罹患皮膚癌的重要原因，中午前後幾個小時強度最大。

什麼是紫外線指數？

眼睛無法看見、皮膚無法感覺的紫外線卻能造成皮膚癌，因此當氣象預報紫外線強的時候，我們需要特別注意保護皮膚以避免曬傷。測量紫外線強度必須考慮多種因素：穿過雲層到達地表的太陽輻射強度、平流層中臭氧層的厚度、地面的海拔高度以及低空空氣的組合。1992 年，聯合國的世界衛生組織與世界氣象組織提出了度量紫外線的尺度，從最低指數 1（不存在或非常低，譬如在平時夜晚）到最高 11+（高危險性）。

紫外線的變化

任何地點一年當中紫外線強度的變化，取決於太陽在空中的位置，赤道附近日照角度高，終年紫外線的強度都很高；離赤道愈遠，紫外線強度隨季節的變化愈加明顯，冬天日照角度低，太陽輻射要穿過較厚的大氣層（包括臭氧層）才能到達地表，因此紫外線強度低於夏天。

中緯度國家，如英國，每年紫外線最強的時間發生在 6 月，剛好是一整年中太陽角度最高的月分，此時紫外線指數可以高達 7，偶爾甚至達到 8，晚春 4 月紫外線強度其實跟 8 月差不多，但是春天較涼爽的天氣，會讓許多人誤以為紫外線強度不如夏天那麼高，因此曬傷的人數反而比較多。在一天當中，紫外線的強度也隨太陽照射角度而變化，一般而言從早晨 10 點到下午 3 點之間紫外線比較強。

其他影響紫外線強度的因素包括雲層覆蓋、高度、地表覆蓋，以及大氣臭氧。

雲層覆蓋

雲層厚的陰天，紫外線強度低；但是如果雲層的厚度不夠，紫外線強度可能還是很高。

高度

每上升300公尺，空氣更加稀薄，紫外線強度也隨之增加2％。

地表覆蓋

不同的地表有不同的紫外線反射率，以海邊社區為例，顏色深的草地或一般建地的反射率比海水面或沙灘來得低，海面紫外線反射率可以增加10％，沙灘則可以增至15％。如果是冰雪等白色地表，反射率更能增至80％，提高曬傷的機會。

大氣臭氧

大氣中的臭氧可以過濾紫外線，因此觀測臭氧層厚度對於預測紫外線強度極為重要。臭氧量的厚度隨經緯度與季節而變化，臭氧層有時會因局部變薄而形成破洞，臭氧層破洞的形成會有季節性，例如南極在春天就會出現臭氧層破洞。

地球自轉如何影響天氣型態？

太空中的物體都會轉動，從小行星、行星到太陽系，甚至整個銀河都會轉動。這是因為太陽系最初都是由一片巨大的旋

轉氣體與塵埃凝聚而成，凝結過程中所有物質都遵守角動量守恆定律，因此星體形成後仍然持續轉動。

　　物體一旦在太空中開始移動，就會一直持續移動，即為慣性。地球繞日公轉，同時也以自轉軸自轉。地球自轉對萬物的秩序都有深遠的影響，如果沒有地球自轉產生的離心力來平衡重力，海洋會向地心引力最強的兩極移動，從赤道到中緯度將會出現大片的陸地。如果沒有自轉，地球一年的長度還是維持不變，但是一天的長度將會變成一年（太陽每隔一年才會從地平線再次升起）。僅僅是這兩個變化就能完全改變地球的氣候，對現有的生物造成毀滅性的災難。地球的自轉還能左右大氣與海水的流動與平衡。

　　科氏力（Coriolis force）可以用來解釋空氣或洋流在地球表面移動時方向偏移的現象。科氏力不是真實存在的力，而是在一個旋轉的體系（地球）內的觀察者，可以觀察到一個使運動物體偏向的假想力。在北半球，科氏力會使運動物體向右偏轉，南半球則向左偏轉。科氏力作用的方向垂直於物體移動的方向（因此科氏力不會改變物體移動的速度，只會改變運動的方向），科氏力在兩極最強，向赤道逐漸減弱。

　　科氏力能產生旋轉的氣流，在中緯度地帶，來自北方的冷氣團與來自南方的暖氣團在此相遇，往南移動的氣流向右（西）偏移，往北移動的氣流也向右（東）偏移，當冷暖氣團碰撞時就產生了漩渦狀的旋轉氣流，天氣圖上看起來就是一圈圈的同心圓。強大氣旋的風眼也可以在衛星照片上看得一清二楚。位於南北緯 30° 的貿易風帶（或稱為信風）也是科氏力的另一項傑作。由北方向赤道吹拂的北風，受科氏力的影響向右

偏移，形成東北信風。由南方向赤道吹拂的南風，受科氏力影響向左偏移，形成東南信風。兩種風交會的地帶即為間熱帶輻合帶（Intertropical Convergence Zone , ITCZ）。低氣壓常在這個地帶產生。

太陽風及其對地球的影響

太陽看似遙遠，但是對地球的影響卻不只是光與重力，太陽的表面充滿了能量與活動，這些活動不斷地向外發射帶電粒子，帶電粒子有時會進入地球大氣層。

太陽風

太陽風（The Solar Wind）就是從太陽發出的帶電粒子流，一般太陽風是相當平靜的，但有時候日冕（即環繞太陽周圍的電漿光環）會發生猛烈的電漿爆發，溫度可達 100 萬℃，粒子速度可達每秒 3,000 公里，即為日冕物質拋射。神奇的是，這些電漿有自己的磁場，被地球磁場捕獲後，沿著地球磁力線向南北極集中。太陽風進入地球大氣層後，在高層大氣（增溫層，thermosphere）中與空氣分子碰撞，氧分子被撞擊後會發出紅色或綠色的光，氮分子會發出紫色或粉紅色的光，這些美麗的光芒在暗夜中會不斷改變顏色與形狀，形成所謂的極光。看極光是許多人夢寐以求的人生目標，極光在高緯度地區的一年四

季、白晝黑夜都可能發生，但只有在黑暗且晴朗的空中才能被觀察到。

閃焰與日冕物質拋射

　　閃焰（Solar Flares）是指太陽表面大規模噴發的電磁輻射。它們將高度帶電的太陽粒子射入太空中，而某些猛烈的爆發足以對地球造成深遠的影響，這就是所謂的日冕物質拋射（Coronal Mass Ejections），其實也就是強度更大的巨閃焰。這些太陽風暴一般需要 3 ～ 4 天才能抵達地球，因此讓我們有足夠的時間預測其可能帶來的災害。這些帶電粒子所攜帶的能量在穿透大氣外層之際便會產生極光，它們對地球的磁場會產生影響，也會衝擊電力輸送網、無線電通訊以及人造衛星，進而導致許多問題。

卡靈頓事件 (The Carrington Event)

　　1859 年 9 月 1 日的前幾天，太陽日冕爆發了有史以來最大的日冕物質拋射，強大的太陽風席捲地球，全球各地都看見了極光，包括低緯度的昆士蘭與古巴。北美以及歐洲的電報網路紛紛失效，電塔冒出了火花。

　　卡靈頓事件雖然罕見，但也不是絕無僅有，2012 年也發生過一次類似規模的日冕物質拋射，還好太陽風與地球擦身而過，否則在當今的數位時代造成的傷害與損失一定會更大。

　　1989 年的另一次日冕物質拋射，規模雖不及卡靈頓事件，但也相當於 2,000 萬噸的核子彈爆炸，產生的太陽風癱瘓了加拿大魁北克地區的供電系統，停電長達 9 小時，影響高達 600 萬人。這些事件告訴我們太空天氣的切身性，能應變的時間一般只有幾天，而非幾週。

太陽黑子與太陽週期

　　太陽磁場強度的變化有其週期性，平均長度約 11 年，即所謂的太陽週期（Solar cycles），磁場最強時，稱為太陽極大值（Solar Maximum），太陽黑子數量最高；磁場最弱時，稱為太陽極小值（Solar Minimum），太陽黑子數量最少。

太陽黑子（Sunspots）是什麼？

顏色	太陽黑子就是太陽表面的黑斑，由核心較暗的本影（umbra）與周圍較明亮的半影（penumbra）構成。
位置	太陽黑子位於大氣底層的光球，這裡的溫度比大氣外層（色球與日冕）低。
溫度	太陽黑子的溫度約3,700℃，比光球的平均溫度要低1,000℃左右。
大小	每個太陽黑子跟地球差不多大。
形成	高密度的磁性活動抑制了對流活動所造成。
空間分布	主要出現在赤道兩側15°～20°之間的幾個特定區域，從未出現在南北緯70°以外的地方。
時間	多出現於太陽極大值之際，此時太陽最活躍。

太陽黑子的數目是太陽活躍程度可靠的指標，由於電漿的爆發常出現在太陽黑子附近，而電漿爆發造成的閃焰以及日冕物質拋射會使大量的高度帶電粒子射入太空，如果剛好往地球的方向前進，就會被地球磁場所捕獲。從 1645 年至 1715 年間被觀察到的黑子數量極少，被稱為蒙德極小期（Maunder Minimum）。這段時間剛好也是地球上的小冰期，但兩者之間到底有無關聯，科學家迄今尚未達成共識。值得注意的是，在小冰期這段時期，地球上的火山活動也特別頻繁，大量的火山灰進入了大氣層，減少了地表太陽輻射的強度。

然而太陽活動的變化，對地球的氣候到底有沒有影響呢？在某種程度上，答案應該是肯定的。過去數十年甚至數百年，太陽輸出能量有增強也有衰退，太陽極大值時紫外線增加，極小值時紫外線減少，對生物圈與大氣圈有一定的影響。

然而我們在考慮太陽活動對氣候的影響時，必須同時考慮人類的活動，特別是溫室氣體對氣候的影響。因此我們很難將太陽活動對氣候的影響單獨量化出來。

第二章 /

天氣元素

　　雖然太陽遠在 1 億 5,000 萬公里以外，但是它全盤掌控了地球的天氣。太陽輻射穿透了層層的大氣，決定了日照、溫度、溼度與大氣壓力的變化。變化多端的大氣條件，有無限可能的排列組合，產生了各式各樣的天氣元素，最基本的形式包括風、雲，以及降水。這些基本的元素還可以細分成更多的形式：像是雪、霧、噴射氣流等等。讓我們來看看這些天氣元素如何影響我們生存的環境。

風：地球上最具影響力的天氣元素

　　風可能是地球上最容易被感受到的天氣元素，惱人的風弄亂我們的頭髮，讓雨點打在我們的臉上，颱風或颶風更可以造成巨大的損失。但是風不論是在小範圍或廣至全球，對天氣的影響都有無比的重要性。在全球的尺度上，風將溫暖的空氣從赤道帶往兩極，調節全球的溫度，風也將溼潤的空氣帶往乾燥的地區，如果沒有風，就不會有水循環。在個人的尺度上，不管天氣如何，我們都會感受到風的存在。風不僅僅影響天氣，對地形景觀也都會有影響，例如風的侵蝕作用、植物花粉的傳播對植被的影響等等。

　　在氣象學上，風最簡單的定義就是空氣的流動。可以是垂直上下的移動，也可以是水平的移動。在每天的氣象預報中，你都可以得知當前的風向與風速，風向是指風吹來的方向，比

方說西南風就是從西南方吹過來的風。風速可以從平靜無風到每秒 74 英里的颶風，高空的噴射氣流速度更可以達到每秒 300 英里。

　　要了解空氣如何流動，就要考慮到溫度與壓力的影響。太陽的照射造成空氣溫度上升，空氣中的分子以及原子的活動程度與範圍與之俱增，空氣的體積因此膨漲而開始上升。相反地，冷空氣中分子以及原子的距離近，空氣密度大，因此向下沉降。我們一般理解的氣壓就是因為空氣的垂直運動所造成的，上升的空氣使地表氣壓降低，沉降的空氣使地表的氣壓升高。空氣自然會從氣壓高的地區流向氣壓低的地區。兩地之間的氣壓差距愈大，空氣的流動速度也愈快，風速也就愈強。低氣壓常造成刮風下雨的天氣，這是因為空氣快速流向低壓中心造就了強風，而上升的空氣形成雲以及降雨。

　　實際的情形當然還要更複雜一點，赤道地帶接受的太陽輻射最強，空氣受熱亦大，因此上升氣流旺盛，當氣流不能再升高時，便開始往南北方移動，此時空氣逐漸冷卻並開始下沉，當空氣回到地表後又再次向南北移動，回到赤道附近的空氣又再被加熱而上升。氣流如此周而復始地循環形成了所謂的哈德理環流圈（Hadley cell），中緯度有一個同樣的環流圈稱為費雷爾環流圈（Ferrel cell），高緯度還有一個極地環流圈（Polar cell）。這些環流讓赤道不至於太熱，兩極不至於太冷。

　　地球的自轉產生了科氏力，科氏力可以讓風向在北半球向右偏轉，在南半球向左偏轉。哈德理環流圈與科氏力的結合產生了信風帶，在北半球吹東北風，在南半球吹東南風。這就是為什麼北半球的颱風或颶風都是自東向西移動。位於中緯度的

費雷爾環流圈與科氏力結合產生了西風帶，因此中緯度的天氣系統大多由西向東移動，例如英國的天氣系統主要來自西南方。

看氣象預報時，我們可以根據天氣圖上高低壓的位置來判斷風向，風從高壓往低壓移動，但由於科氏力的關係，風向不是從高壓指向低壓中心的直線，而是圍繞著高低壓的中心旋轉，高氣壓的氣流順時針轉動，低氣壓的氣流逆時針轉動。

噴射氣流體系

除了上述因大氣環流在地表附近產生的信風帶，在大氣的高層還有另外一種全球尺度的大氣環流，即所謂的噴射氣流：是環繞地球高空、狹窄的高速氣流。主要的噴射氣流有兩條：副熱帶噴射氣流，位於哈德理環流圈與費雷爾環流圈之間；以及極地噴射氣流，位於費雷爾環流圈與極地環流圈之間。極地噴射氣流的路線變化較大，有時沿著同一緯度由西向東流動，有時會沿著經線南北流動。噴射氣流速度變化甚巨，大約在每小時 60 ～ 250 英里之間，噴射氣流的高度大約在離地表 7 ～ 12 公里之間，寬度只有 100 公里左右。

氣象學者對噴射氣流特別感興趣，因為噴射氣流代表冷空氣與暖空氣的界線，其流動的速度與方向可以影響地表天氣系統的發展。極地噴射氣流是在極地冷氣團與副熱帶暖氣團交會處產生，對中緯度地區的氣候影響最大，特別是北美、大西洋與北歐的冬天，當噴射氣流變化的形狀出現彎曲時，英國的天氣就會受到影響。噴射氣流位於英國北方時，氣溫會比平常暖

和，因為空氣來自副熱帶；如果噴射氣流位於英國南方時，氣溫會比平常寒冷，因為空氣來自北極；若噴射氣流剛好在英國與西北歐的上方，低氣壓系統就會在附近徘徊，帶來潮溼多風的天氣。

　　副熱帶噴射氣流的影響不如極地噴射氣流明顯，這是因為熱帶與副熱帶溫差較小的緣故。副熱帶噴射氣流在一年當中變化也比較大，冬天較強，夏天幾乎不存在。即便如此，對印度季風還是構成一定的影響。

　　此外還有非洲的東非噴射氣流，高度比較低，離地約只有3 公里，源於東非，往西穿越非洲大陸來到了大西洋。跟極地與副熱帶噴射氣流風向相反，是北方炎熱的撒哈拉沙漠與南方較冷的幾內亞灣的溫差所造成。晚春到初秋風速最強，此時噴射氣流的位置大致從衣索比亞到甘比亞。雖然風速只有每小時25 ～ 30 英里，但卻是大西洋熱帶風暴與颶風的重要推手。

地方風系

　　山脈可以對風造成有趣的影響。由於山脈的阻擋，風必須從兩側或頂部繞過山脈，在這個過程中，空氣的壓力、溼度、溫度以及強度都可能產生變化。這種因為一個地方特殊地理環境產生的風稱為地方風系，當地的居民有時會為它取一個特別的名字。

　　發生在英國北部本寧山脈（Pennines）的帽子風（Helm Wind）就是一例，當大氣相對穩定時，會有一層空氣像帽子一樣覆蓋在山頂，阻止空氣向上移動。但有時候東北風可以將

這層空氣向上移動 300 公尺左右，產生了足夠的縫隙，風就能越過本寧山頂，由於風受到山脈與上層空氣的壓縮，風速加快，因此位於背風坡的坎布里亞（Cumbria）就會產生帽子風。當風越過山頂時，由於空氣的擾動，在背風坡會形成一種形狀特殊的帶狀雲，當地的居民稱之為山頭雲堤（Helm Bar）。

焚風效應

　　嚴格說來，焚風不是一種風，只是風在翻越山脈時，為山的兩側造成不同的天氣效應。焚風在全世界都可能發生，經常發生在英國的蘇格蘭高地與威爾斯山地。當來自大西洋飽含水氣的氣團遇到高山時，空氣會隨地形上升，此時氣溫大約是10°C左右，空氣溫度會因高度上升而逐漸下降，空氣中的水氣開始凝結成雲，或甚至開始降雨。當氣團越過山頂，從背風坡開始下降時，空氣中的水分已經減少，乾燥的空氣溫度變化快，因此空氣越過山脈之後氣溫可以高達 18°C，使山的另一側產生截然不同的天氣變化。

米斯特拉風

　　米斯特拉風（The Mistral）是發生在法國南部以及地中海一帶寒冷而強勁的北風或西北風，常出現在春季或冬季，但任何時候都可能發生，風速可達每小時 60 英里，可持續一週以上。最大風速高達時速 110 英里，足以造成大規模的破壞。發生的時機是當比斯開灣（Bay of BIscay）出現高壓，同時

在科西嘉（Corsica）或薩丁尼亞（Sardinia）附近出現低壓，
此時風從北方或西北方吹向地中海岸，在經過法國隆河谷地
（Rhone Valley）之際風速加快，影響的範圍可達普羅旺斯、
朗格多克甚至科西嘉以及薩丁尼亞。通常在冷鋒過境後發生，
此時天氣晴朗，天空湛藍，能見度明顯改善，甚至能看到 90
英里外的阿爾卑斯山。

💡水

　　地球表面大約有 71％被水覆蓋，總體積可達 13 億 8,600
萬立方公尺，水使得地球從外太空看起來呈現藍色。這是由於
水分子吸收光的能力依波長而異，波長較長的紅光在水的最表
面就被吸收了，其次是橘、黃、綠色，最後剩下藍紫光。說來
難以置信，但是地球上有 96.5％的水是海洋中的鹹水，僅 3％
多一點是淡水。淡水以許多不同的形式存在，水蒸氣、河川湖
泊中的水、滲入地表的地下水，水也存在所有的生命形式中。

　　水亦能以冰的形式存在，地球上的淡水約有 68％是冰，
其中 90％在南極大陸，體積約 3,000 萬立方公里。如果南極的
冰完全融化，地球海平面將上升 58 公尺。除了南極，格陵蘭
也有大片的冰原，全世界 99％的冰都集中在這兩個地方。此
處積雪終年不化，新下的雪不斷地覆蓋在原有的雪之上，上層
冰雪的重量將下層的雪壓得愈來愈密實，冰原也因而生成。

　　所有形式的水都會移動，水蒸氣隨著空氣流動，水從高處

往低處流，冰原也因為冰自身的重量不斷地向下坡移動，最終
到達海面而逐漸融化，但只要補充的降雪能彌補融化的冰，冰
原就能維持在平衡的狀態。水以不同的形式移動，不斷在大氣
與海洋間交換，此即為水循環或水文循環。水通過蒸發、蒸散、
凝結、降水、滲流，以及地表逕流等作用不斷循環以補充乾淨
的水源：

蒸發（Evaporation）

水由液態變成氣態的過程，地上的小水坑就是因為蒸
發作用而消失。

蒸散（Transpiration）

水由植物的葉面蒸發的過程。

凝結（Condensation）

水由氣態變為液態的過程，天空的雲就是因為凝結作
用而形成。

降水（Precipitation）

凝結導致降水，液態或固態的水受重力吸引，以雨、
雪、雹等形式向地面降落。

滲流（Percolation）

水可以被地表土壤甚至岩石所吸收，此即滲流作用，
有時滲流水可以到達地下含水層或地底湖泊。

地表逕流（Runoff）

在地表流動的水，逐漸匯流成河，最後進入海洋。

降雨和陣雨有什麼差別？

　　雖然說天上落下來的水就是雨，但是我們還是有很好的理由區分降雨（Rain）和陣雨（Showers），因為降雨和陣雨是由兩種不同的雲所造成的。天空之中有形形色色的雲，根據雲的形狀、結構，以及高度大致可以分為9種，不過這9種雲一般不會同時出現。

　　根據成因，雲可以分成兩大類：層雲與積雲，層雲是因為兩個溫度不同的氣團相遇混合後，發生凝結作用所產生的雲。層雲面積通常比積雲廣，但一般而言積雲厚度較厚。層雲的形成主要是因空氣水平方向的移動，亦即所謂的平流作用，雖說是層雲，還是有波動起伏，但是不會上升到非常高的天空。

　　層雲常常可以覆蓋幾十公里甚至幾百公里的天空，當層雲中的水氣增加到一定的程度後就會開始降水，這就是氣象意義上的雨。此時空中烏雲蔽日，雨勢或大或小，通常可以維持很長一段時間。直到雲層離開，藍天露臉，雨才會停止。

　　產生陣雨的積雲，形成的原因完全不同於層雲。積雲可以不斷成長，形成壯觀的積雨雲（cumulonimbus），積雨雲高度可以到達對流層頂，在這裡，雲的頂部開始向周圍擴散，形狀看起來像是一個巨大無比的鐵砧。

　　積雲的形成起源於空氣垂直的運動，並需要兩個溫度不同的氣團相遇混合。太陽照射使地表溫度上升，地表附近的空氣受熱開始膨脹，密度低的暖空氣開始上升，上方密度大的冷空氣開始下降，形成了所謂的對流作用。

　　氣象預報之所以要區分為降雨與陣雨，是因為這是兩種雨的形成過程截然不同，層雲產生的降雨，常常從微微細雨開

始，然後雨勢逐漸增強，最後又慢慢減弱，通常會遮蔽整個天空；陣雨則是強度大的短暫降雨，同時伴隨著狂風，氣溫也明顯下降，陣雨結束之後太陽隨即露臉。前者是長時間的降雨，後者是短時間的驟雨。但有時候兩種雨會接踵而至，如挪威鋒面模式（Norwegian' frontal model）所描述的，層雲首先抵達並帶來了降雨，然後積雲接踵而來並帶來了陣雨，天空由密布的烏雲逐漸變成一朵朵分散的積雲，陽光不時從雲朵的隙縫中灑下，這就形成了我們常常說的太陽雨。

什麼時候最常發生陣雨以及降雨？

陣雨發生的時機隨季節而變化，冬天陣雨多形成於海面或沿海地帶，這是因為冬天海水表面的溫度通常比陸地高，此時如果風將陸地（如北極）寒冷的空氣帶到海洋，海洋表面的暖空氣就有可能上升而產生對流作用。冬至後 4 ～ 6 週，太陽的強度逐漸增強，積雲漸漸在陸地的上空出現，此時約為英國的2 月，代表春天的腳步已經不遠了。

4 月的日照強度更強了，地表的溫度也愈來愈高，但高空的空氣還是很冷，對流作用開始轉旺，大規模的積雲逐漸形成，陣雨的頻率及強度也慢慢增加了。一般而言，陣雨就是積雲產生的降水，當空氣溫度很低的時候，降水可以是雪或雨雪混合的形式，當對流作用極旺盛時，大規模的雷陣雨便可能發生，此時雷電交加、狂風大作，冰雹混合著雨水從天而降。陣雨也增加了彩虹出現的機會。

在海面生成的低壓，產生了大面積的雲，當雲層被噴射氣

流推至陸地上空，就帶來了綿綿陰雨。歐洲中緯度的夏天雖然也很溼潤，但是極地與熱帶的溫差在其他季節更為明顯，此時噴射氣流較強，同時噴射氣流的位置比較靠近冰島與亞速群島之間的中緯度地帶，噴射氣流在大西洋的中部孕育了低壓系統，帶給英國與歐洲西北部溼冷的天氣。

雨的形狀像什麼？

在一般人的印象中，雨，或者說水滴的形狀是上尖下圓，但實際上，雨的形狀真的是這樣嗎？想要了解雨滴從天空飄落時所經歷的蛻變，我們得看看雨滴形成的過程。

當空氣中的水蒸氣開始冷卻，由氣態變為液態，並附著在空氣中懸浮細微的塵埃（凝結核），形成所謂的雲滴（cloud droplet），雲就是由無數的雲滴組成。雲滴的大小只有雨滴的 1/1,000，約為 15 微米（1 微米為 1/1,000 毫米），雲滴的形狀為圓球形，因為重量極輕所以可以輕易地懸浮在上升的氣流中，當雲滴數量持續增加，就會逐漸合併，大約需要 1 萬個雲滴合在一起才能形成 1 顆雨滴，這時候雨滴的形狀還是圓形的，但是隨著雨滴繼續吸收更多的雲滴，重量逐漸增加，雨滴開始往下降，此時水的表面張力會維持水滴完整的形狀，但另一方面上升的氣流會從雨滴的下方向上施力，雨滴的重量愈重，雨滴底部的受力就愈大，由於受力的不同，雨滴的底部會比較扁，上方比較圓，看起來比較像壓扁的瑪芬蛋糕。雨滴愈

大受空氣阻力愈大，受力大到一定的程度，雨滴便會在空中散開，成為許多圓形的小水珠；此時這些小水珠又會開始合併，直至落到地面為止。

雨為什麼一直下不停？

　　平均一朵積雲的重量約為 500 公噸，大概等於 100 隻大象的重量，很難想像這麼重的物體竟然可以懸浮在天空。不過雲不是完全由雲滴組成，還包括了許多水蒸氣與其他氣體，微小雲滴的終端速度大約是每小時 10 公里，換句話說，如果雲的高度是 2,000 公尺，雲滴平均需要 200 小時才能達到地面。除了重力，空氣阻力以及氣流都能影響雲滴的移動。雲通常在上升氣流中逐漸生成壯大，雲滴要增加到 300 倍大才能在幾分鐘內落到地面。

　　前文已經討論過，雲是由無數個微小的水珠或冰珠所組成，統稱為雲滴。雲滴的數量愈多，雲的顏色看起來就愈深。由於風的攪動，雲滴不斷地碰撞結合而形成更大的雲滴。當雲滴大到足以開始向下墜落，就成了雨滴。雨滴不會同時形成，也不會同時落到地表，這就是為什麼陣雨時大時小。只要空氣中的水氣充足，水蒸氣與凝結核就會不斷地產生雲滴，雲滴又不斷形成雨滴。雨滴形成的速度時快時慢，只有當雨滴的重量足以克服向上的空氣浮力與阻力時才會開始下降。因為每一顆雨滴都有自己的生命歷程，所以他們不會在同一時間墜落。只要空氣中的水氣持續獲得補充，雨滴就會不斷地形成，雨也就一直下個不停了。

雨聞起來像什麼？

　　從盤古開天闢地以來，當第一道陽光穿過烏雲灑在海洋與陸地上，雨就一直有種特別的味道。但是要到 1964 年，這個古老的現象才終於有了一個時髦的名稱—潮土油（Petrichor）。我們通常可以在雨水落在乾燥的地面時，聞到這種熟悉的味道，「Petrichor」是由希臘文中兩個字所組成的，「石頭」（Petros）與「天神的血」（Ichor），合起來的意思就是「來自石頭中天神的血」。

　　1960 年代，兩位澳洲科學家開始研究雨的味道，他們分析降雨過程中每一個細節：在雨開始降下之前，空氣溼度的增加鬆動了土壤的結構，釋放出乾燥土壤中的氣體與微粒進入空氣之中。當雨點打擊到乾燥的地面，更多的氣體從岩石的空隙中釋放到空氣中，進一步增強了雨的味道，最後當雨停之後，雨的味道繼續瀰漫在溼潤的空氣之中。整個過程一部分是機械的，雨滴打擊在地面上；一部分是化學的，泥土或石頭中的微粒被釋放到空氣中生成的反應。

　　雨的味道代代相傳，已經深刻地烙印在人們的記憶中。尤其是在乾溼季分明的地區，人們期待雨季的來臨，以洗淨乾熱汙濁的空氣，滋潤作物的生長。印度次大陸就是最佳寫照，每年 3、4、5 月季風來臨之前，熱辣辣的太陽將溫度推上 40℃ ～ 50℃，沉悶骯髒的空氣讓人透不過氣來，因此不難想像當季風雨終於來到，數百萬人口集體的紓解。雨水洗滌了空氣，也滋潤了大地，雨的味道彷彿昇華成清新的香，受眾人所歌頌。雨的味道意味著河川又將流動起來，來年作物也將豐收。雨的味道如此受印度人民的喜愛，在北方邦（Uttar

Pradesh）的小鎮卡瑙傑（Kannauj）數百年來甚至會捕捉空氣中的香氣，生產一種聞起來有泥土味道的香水，他們讓溼潤的空氣和雨滴浸溼乾燥的泥土盤，再用精油收集泥土散發出來的香氣，這就是印度的氣息，生命的根本。

　　雨的味道在西方還有一個較為人所知的名字——土臭素（Geosmin），當雨水打在柏油路面或泥土地上，將一些有機礦物、泥土中的菌類以及臭氧激發到空氣中所產生的味道。

到底什麼是「冬季降水量」？

　　在英國的冬天或春天，氣象預報常常提到冬季降水量，你可曾想過他們談論的究竟是什麼？廣義而言，降水是指水以任何形式從天空落下來，可能是水，也可以是雪、冰雹，或冰水混合的形式。絕大多數的情況下，降水就是降雨，但是在寒冷的季節裡，我們更常看到冰雪以及凍雨。

冰雹是怎麼形成的？

　　冰雹可能在任何時候發生。在英國，比較常見於冬天以及早春，不過最劇烈的冰雹現象常出現在晚春或夏天，當旺盛的空氣對流產生積雨雲或更大的濃積雲（cumulus congestus），這些高大的積雲，頂部通常可以到達大氣的高層，這裡的溫度可以低到 0℃ 以下，積雲內部強大的對流使得極冷的水滴不斷地上下移動。當水滴被推到積雲的頂端時，便凝結成微小的冰珠，當空氣對流將冰珠帶回到溫度仍在 0℃ 以上的積雲低層，

冰珠的表面便覆蓋上一層薄薄的水，接著冰珠再往上移動，表面的水又凝結成冰，如此不斷地反覆，直到冰珠的重量足以克服上升氣流，此時冰珠便會向地表墜落。如果我們將冰雹從中間剖開，便可以看見冰雹內部一圈圈同心圓的結構，如同樹木的年輪一般。

　　冰雹的大小取決於冰雹在積雲中上下迴轉的次數，積雲中的對流愈強，迴轉的次數就愈多。當夏季高溫對流作用極其旺盛時，冰雹可以在大規模的積雨雲中停留相當長的時間，反覆的上升與下降運動會產生相當大的冰雹，有些甚至大到像高爾夫球一般。2010 年夏天，美國南達科塔州落下了當時紀錄中最大的冰雹，直徑 20.3 公分，重達 0.88 公斤！這種大小的冰雹會造成嚴重的傷害與破壞，實際上在所有的天氣現象中，冰雹所造成的損失應該被嚴重低估，光是在美國，被冰雹打壞的汽車、作物、建築等，每年的損失便可達數百萬美元之譜。

　　2013 年 4 月，阿富汗坎大哈（Kandahar）機場下了一場冰雹，持續約 30 分鐘左右，其中有些冰雹大如高爾夫球，許多停在戶外的汽車、飛機都不能倖免於難，受損壞的還包括美國和英國的軍機，光是英國政府的損失就高達 1,300 萬英鎊，同時許多軍事活動也因此被迫停擺。

凍雨就是冰，對嗎？

　　很少人聽過凍雨，這是因為凍雨不常發生，但是凍雨可能是冬天最危險的天氣現象。冬季的雨雲裡充滿了極低溫的水滴、雪或是冰珠，如果此時靠近地表的氣溫很低（約低於

2℃），降水將以冰雪的形式發生；但有時地表附近會出現一層很薄的暖空氣，當冰雪穿過這一層暖空氣時會融化成水，然而雨水離開暖空氣後，溫度會再度下降，形成所謂的過冷水（supercooled water）。

過冷水是指在 0℃ 以下仍然能維持液態的水，但是當過冷雨滴跟地面接觸時會立刻結冰，可以在物體的表面結成一層冰，汽車、路面、電線、鐵軌等都會變得光滑無比，也許會帶來偌大的麻煩。凍雨很少發生在英國，而美國比較常見大規模的凍雨，此時道路如同溜冰場，完全無法通行，覆滿冰塊的樹枝和高架電線也會因為重量增加而斷落。

雨夾雪

雨夾雪（sleet）應該是最容易理解的一種冬季降水形式了，但這其實不是一種獨特的降水，在氣象學裡甚至沒有一席之地。在正式的氣象預報中我們通常只會說雨混合著雪。當雨雲中的冰雪落到地表附近時，如果地表的溫度稍微高一點（0℃ ～ 2℃），冰雪就會開始融化為水，如果暖空氣不是很厚，冰雪就無法完全融化，這樣一來落到地面時便會雨雪夾雜了。

雪

雪在氣象學中最簡單的定義就是「以冰結晶為形式的降水」。如果你在顯微鏡下看過雪花，或者是放大的雪花照片，你應該知道雪花有多麼美麗。自然界有無數的神奇與奧祕，雪

花的形成以及對環境的改變都讓人驚嘆。除非是剛好要出門，否則下雪總是讓人像孩子一樣雀躍萬分。

雪形成的首要條件是溫度在 0℃ 以下，此時空氣中的水蒸氣直接由氣體凝固成固體冰結晶，冰結晶的數量及彼此間的碰撞都不斷增加，這個過程最後終於產生了雪花。當雪花的重量重到上升的氣流再也不足以支持，重力取得了勝利，雪花就會飄落到地面。如果空氣的溫度一直維持在 0℃ 以下，雪花的結構在飄落的過程中就不會遭受破壞，若地表的溫度夠冷，雪到了地面也不會融化。反之，地面的溫度太暖和，雪花就會開始融化；但是如果雪下得夠大，超過融雪的速度，地面的積雪就會愈來愈厚。有好多假設條件足以左右雪況，這就是為什麼當溫度在冰點上下徘徊時，下雪的天氣總是難以預測。

每一片雪花都是獨特的嗎？

在雪花的形成過程中，即使是很小的溫度、壓力和溼度的變化都會改變雪花的結構，所以每一片雪花幾乎都不一樣。我們很少能夠發現兩片完全相同的雪花，但是雪花還是有些共同的特徵。所有的雪花都是六邊形的，有些雪花六個邊都是直線的，像個六邊形的平板；有些在六個角都有一個分枝，看起來有如網格般，是一般人最熟悉的雪花形狀。當雪花一開始從水蒸氣凝結成冰結晶時，形狀都像六邊形的平板，而雪花在雲裡移動時，由於周遭溫度和溼度不斷地變化，結晶的形狀逐漸改變，有些雪花乍看之下甚至不像六角形，雪花依形狀可以分成八種，如圖所示。

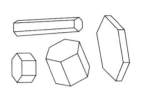

鑽石塵冰晶
Diamond Dust Crystals

蕨葉星形冰晶
Fernlike Stellar Dendrites

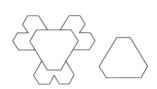

三角形冰晶
Triangular Crystals

柱狀和針狀
Columns and Needles

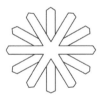

十二角形雪花
Twelve-branched Snowflakes

星狀冰晶
Stellar Dendrites

霧淞和霰
Rimed Snowflakes and Graupel

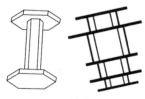

冠柱狀
Capped Columns

　　雪花的形狀幾乎完全由溫度與溼度的範圍決定，溼度低時有利形成平板狀的雪花，反之溼度高時比較容易出現樹枝狀的雪花。此外溫度較高的時候比較容易出現形狀簡單的平板或柱

狀雪花，溫度低時則較容易出現形狀複雜的樹枝狀雪花。如果你能透過顯微鏡觀看，就會發現在微觀世界裡，雪其實是很複雜的。

星狀冰晶（Stellar Dendrite）是最為人所知也是最常被拍攝的雪花，六隻分枝從中央六角形的平板向外伸出。由於雪花在形成的過程中，會不斷地在雲裡移動，每一個分枝的形狀都可能是獨一無二的，不過在多數的情況下分枝通常呈對稱貌。

會不會因為太冷而無法下雪呢？

我們常常被問到這個問題，通常在低溫，且氣象預報說可能會下雪時。理論上來說這是不可能的，但實際上卻不盡然。假設目前的溫度是零下 6℃，外面正在下雪，如果溫度繼續下降，雪不會忽然就停下來，也就是說不存在一個臨界溫度會讓雪開始落下或停止飄下來。

很困惑嗎？讓我們來解釋一下。

當雨雲中的溫度低於冰點，雪就有機會形成。但雪在落下來的過程中，空氣的溫度必須維持在 0℃ 以下，否則雪就會融化。即使在非常低溫的情況下都可能下雪。理論上來說，不管氣溫再低對下雪與否都沒有影響，關鍵其實在於溼度。空氣中的水氣是造雪的來源，當空氣的溫度愈低，空氣含水的能力也愈低，因此雪花的數量也就愈少了。所以比較好的問題應該是：會不會因為太乾而不下雪？

解釋這個現象的最佳例子就是南極，你可能以為南極經常在下雪，這個荒涼、寒冷、多風的白色冰雪世界其實在氣候分

類上算是個沙漠。南極實在太冷了，空氣中的水蒸氣含量極低，所以其實很少下雪。但就算是少量的降雪，幾千年來不斷累積仍然足以形成目前南極大陸廣闊的冰原。

雪是不是地球最重要的天氣現象？

　　雖然說一場大雪會讓交通大亂、學校停課，造成生活中許多不便，然而下雪對地球上的生命卻至關重要。我們可能不需要、也不一定希望雪下在我們居住的城市，但我們還是仰賴雪的存在。還好地球上還有很多適合下雪的地方，包括兩極以及世界各地的山脈（一共約有 4,600 萬平方公里）。白色的雪像是一面鏡子，可以將太陽的能量反射回太空，一個在氣象學上我們稱之為反照率（albedo）的概念，白色的表面反照率為 1，黑色表面反照率為 0，雪可以反射 90％的太陽輻射。雖然地表的積雪經常變化，特別是北半球的陸地上，但是積雪可以調節溫度，維持全球溫度的穩定。這就是為什麼全球暖化造成積雪融化、反照率降低可能造成嚴重的後果。

　　在比較小的範圍內，雪對人類日常生活或生態體系都有重要的影響，山區的居民依賴春夏的融雪提供日常飲用和灌溉水源。冬天，當雪覆蓋大地時，可以像毯子一樣提供許多動植物保暖的功能。

冰

冰是固態的水，這一點大家應該都沒有疑問。在多數的情況下，當溫度低於 0℃ 以下時，水就會凝固成冰。注意我們所說的「多數的情況」，在前文也曾提及，水有可能在冰點以下仍然維持液態，也就是所謂的過冷水。

水凍結是因為當溫度太低時，水分子活動降低，以至於彼此結合起來形成固態結晶。很有趣的是，冰雖然是固態，但是密度比水低。我們不打算討論細節，但基本上水在固態時，水分子之間的空隙比在液態時大。這就是為什麼冰會浮在水面上，如果冰的密度大於水，冰形成後就會沉到海底，海底的生態環境就會跟現在完全不一樣了，同時也不會有極地的冰海或冰山，地球將會是一個截然不同的星球，所有的生物可能都不會存在了。

冰有多麼重要？

在地球上，水以固態形式出現的區域稱為冰雪圈（cryosphere），包括南極、北極、冰河、冰帽、永凍土、結冰的河川與湖泊等。地球上冰的總量隨季節而變化，季節變動量最大的地區在南北極海，是因為海面上的冰在夏天會融化的緣故。北極海冰的範圍在冬天約為 1,400 萬～ 1,600 萬平方公里，夏天下降到 700 萬平方公里。南極海冰變動的範圍更大，冬天面積約為 1,700 萬～ 2,000 萬平方公里，夏天只剩下 200

萬～ 400 萬平方公里。當然還有很多冰是在陸地上,南極大陸上的冰原面積約 1,400 萬平方公里,格陵蘭約有 170 萬平方公里的冰,世界各地的冰河約有 72 萬 6,000 平方公里。光是在南北極的冰就占了全球淡水儲量的 68％。

　你應該還記得我們曾經討論過白色冰雪的反照率對調節全球溫度的重要性,反照率用於衡量物體表面反射的能力,黑色的表面反照率非常接近 0,能吸收絕大多數太陽輻射,白色表面反照率接近 1,是非常好的反射體。有沒有注意到地中海地區房子的顏色大多是白色的,而中東地區最受歡迎的汽車顏色也是白色的嗎?這是因為白色能夠反射最多的太陽輻射,因此房屋或汽車內部可以保持較低的溫度。

　海洋表面在沒有冰覆蓋的情況下反照率約為 0.06,也就是只有 6％的太陽輻射被反射回大氣,94％的能量都被海水吸收,從而造成水溫的上升。相較之下,如果海洋表面被冰所覆蓋,反照率可達 0.5 ～ 0.7,也就是只有 30％～ 50％的太陽輻射被吸收;倘若冰的表面有新鮮的雪,反照率更可以高達 0.9,換言之,只有 10％的太陽輻射被地表吸收,90％的能量都被反射回太空。不要低估這些數字。當春秋兩季變得更長更熱之際,冰雪圈在冬天補充冰雪的時間就被壓縮了,冰雪圈處於一種微妙的平衡,如果平均反照率下降,被吸收的熱量就愈多,造成更多冰的融化。冰融化得愈快,反照率就愈低,這就是讓人擔心的正回饋(positive feedback)。在氣候系統中,融化的冰成了自己最大的敵人,因為更多的冰會因此而融化。

　地球表面約 75％被水覆蓋,其中 97％為鹹水,只有 3％為淡水。大部分的淡水都以冰的形式儲存於冰原與冰河之中。

在山區聚落，夏季融雪是飲用、灌溉、工業、發電等主要的水源。地球南北極對全球氣候型態有極高的敏感度，人為的氣候暖化對極地的冰更有直接的影響，因此極地氣候是科學家高度關切的對象。地球表面的冰原與冰河都已經有數萬年的歷史，是年復一年的降雪不斷地累積的結果，有些冰河的厚度可達數英里深，記載著歷史上每一年的降雪量，冰層化學成分的變化更可以告訴我們大氣環境的改變。科學家在冰原中鑽孔取樣，從冰核可以觀察到過去不同冰層的厚度以及氣泡的數量，這可以告訴我們過去上萬年溫室氣體的含量、冰期的長度，以及氣候的穩定度。

　　透過冰核的分析，科學家可以得知歷史上不同時期大氣中二氧化碳、甲烷以及其他溫室氣體的含量；冰核中的灰燼與塵埃也可以讓我們知道火山活動的歷史及其對氣候的影響；觀察冰核中的冰分子結構也能告訴科學家過去降雨的型態，幫助我們重建氣候溫度的歷史。就像考古學家或古生物學家挖掘地層尋找線索，重建人類或生物的過去，古氣候學家「挖掘」冰層，試圖重建氣候的歷史。挖得愈深就能看到更長的歷史，在南極挖掘的一個冰核，可以追溯過往 270 萬年的氣候，呈現了多次冰期以及二氧化碳濃度的長期紀錄。

　　科學家在南極、格陵蘭、北極及其他冰河採集了許多冰核，取得的數據可以在電腦中建立氣候模型，根據這些模型，氣象學家能分析過去的氣候，同時預測未來氣候的變化。

冰雪融化會帶來災難嗎？

　　前文已提及冰雪融化將造成反照率下降，增加地球吸收的太陽輻射量，但是在一般人心目中這大概不是最嚴重的問題，全球氣候暖化造成海平面上升才是最大的威脅。然而不是所有的融冰都會造成海平面上升，重點是冰所在的地點。

　　本書作者之一的西蒙從小就立志要當氣象學家，有一次他去英國南極測繪局（British Antarctic Survey）聽一場關於南極氣候的演講，主講人用了一個簡單卻有效的方法來解釋陸地上的冰與海洋上的冰融化後不同的影響。這個實驗為西蒙留下了深刻的印象，也更加堅定了他未來的志向。

　　演講人拿出兩只杯子，一只空杯、一只裝了半杯水，然後每個杯子中丟進幾塊冰塊，你可能會認為兩個杯子的水位都會上升，西蒙當時就是如此假設。當冰融化後，原來空的杯子當然就有了水，但是另外一只原本半滿的杯子水位卻沒有變化，這個實驗過程就算放大 100 萬倍，結果還是一樣的。漂浮在海面的冰融化之後並不會造成海平面明顯的上升，這是因為浮冰已經排開一定體積的水，當冰融化消失後，留下的空間剛好由融化的水來取代。不過實際情形並不完全如此，淡水的密度低於海水，因此浮冰排開海水的體積會比較小，融化的水其體積將大於之前排開的海水，因此海水面僅會微幅上升，科學家認為因為海冰融化造成的海面上升每年大約只有 0.005 毫米。

　　之所以要解釋浮冰在淡水與海水中融化的物理現象，是因為雖然北極海冰融化會導致反照率上升，因而加速地球暖化，但卻不會造成明顯的海平面上升。令人擔心的是如果陸地上的冰開始融化，對海平面上升將會造成截然不同的後果。格陵蘭

以及南極大陸的冰原一旦崩潰融化，同時世界各地的冰川也開始消融，推測海平面最後將上升 70 公尺。由於全球有 40％的人口居住在離海岸 100 公里以內的地區，上億人口將因此被迫遷移。

水能凝固成冰以外的形態嗎？

我們都知道水有三種狀態：氣態（水蒸氣）、液態（水）與固態（冰）。也知道在一般情況下，水加熱到一定溫度，就會蒸發成氣體；如果冷卻到 0℃ 以下，水就會凝固成冰。然而事情卻不總是如此，在氣象學中，水在零下 40℃ 還是有可能維持液態，此即所謂過冷水。我們之前已經討論過過冷水，現在讓我們進一步看看過冷水到底是怎麼回事。

當溫度降到 0℃ 以下時，水分子必須附著在一個微小的凝結核上才能進行結晶的過程，一般凝結核包括灰塵、花粉、冰晶或汙染物。如果此時沒有凝結核，同時水又是完全純淨的（只包含氫與氧原子），結晶作用就不會開始，水將繼續保持液態，一直要到零下 40℃ 時，均勻核化結晶（crystal homogeneous nucleation）發生才會開始凝固。許多不同類型的雲裡都可能出現過冷水，但是較常見於中高度的雲，如高積雲（altocumulus）或高層雲（altostratus），這個高度的氣溫常在 0℃ 以下，但不至於太冷，因此水還可能維持液態。高空中白色呈柔絲或羽毛狀的雲，通常就是冰晶已經出現的證據。

熱水真的比冷水更快凝固嗎？

乍聽之下你一定覺得：「怎麼可能？」當然不會。如果你放兩杯水到冰箱冷凍室裡，一杯是熱水、一杯是冷水，在同樣的條件下，冷水應該會比熱水先到達冰點。但是有些實驗卻顯示熱水會先結冰，幾個世紀以來科學家還是無法發現原因。你可能也看過很酷的實驗，當戶外溫度極低的時候，將熱水灑向空中，水滴立即凝結成冰珠，但是如果用冷水，就不會發生同樣的情形。

爭議的開端起源於 1963 年，當時一位坦桑尼亞的學生姆彭巴（Erasto Mpemba）在課堂上學習製作冰淇淋時，他先將奶油與糖在平底鍋中加熱混合，但是不同於其他學生，他不等混合好的奶油與糖冷卻，就直接放進冷凍室中，他發現他的冰淇淋凍結的速度比其他學生來得快。姆彭巴對於自己的發現感到困惑，於是向物理學家奧斯本博士（Dr. Osborne）請教，奧斯本博士進行同樣的實驗也發現類似的結果。其實早在西元前 4 世紀，希臘哲人亞里斯多德就曾說過：「如果水先加熱過，會比較容易凍結，因此冷卻也較快。」奧斯本博士與姆彭巴共同發表了實驗結果，這個現象便被稱為「姆彭巴效應」（Mpemba effect）。

科學家對姆彭巴效應的看法分成兩派，因為有些實驗無法重複姆彭巴最早的發現，有些卻可以。有很多關於姆彭巴效應的理論，成因眾說紛紜，然而科學家始終無法取得共識，迄今仍然是高度爭議性的話題。

霧

簡單地說，霧（fog）或靄（mist，或稱為薄霧）就是在地表附近形成的雲，當能見度降低到 1,000 公尺以下時便稱為霧，能見度高於 1,000 公尺時稱靄。由於雲或霧都是由無數的小水珠所組成，水珠阻礙了光線的進行，光線因而無法進入我們的眼睛，造成能見度降低。霧若愈厚，能見度就愈低。

霧可以分成兩種：輻射霧與平流霧。在解釋兩者差別之前，首先我們要說明，所有的霧形成方式都是一樣的。空氣中有許多看不見的氣態水分子，讀者可以自己證明，試著往自己的手掌吹幾口氣，你會感覺手掌變得潮溼了，這是因為空氣中的水氣轉化成液態水的緣故。當空氣冷卻到一定的溫度時，空氣的溼度達到飽和，此時空氣中的水氣會凝結成小水滴，這個溫度稱為「露點」（dew point），在氣象預報上這是一個很重要的觀念。就像氣溫一樣，露點也會隨著季節、地點而變化。當空氣溫度降低到露點以下約 2°C 這個關鍵溫度時，空氣中的水氣將凝結成水。如果靠近地表的空氣中，懸浮的水滴逐漸增加到足以影響能見度時，霧也就形成了。

至於空氣怎麼冷卻到露點，則有幾種不同的方式。在冬天最常見的霧是所謂的輻射霧，風是霧形成的關鍵因素，輻射霧需要有一點微風才能形成。然而如果風太大，靠近地表的空氣會產生太多的擾動，不利於霧的產生。之所以稱為輻射霧，是因為地表輻射造成了地面附近空氣的冷卻。輻射霧通常發生在無雲的夜晚，地表輻射可以逸入大氣高空（當天空有雲時，雲

會像一床保暖的毯子，低空氣溫不至於明顯下降），而當低空的氣溫降低到露點以下 2℃ 時，霧就會形成了。輻射霧通常要等到第二天早晨太陽出來之後，地表溫度開始升高才會消散。有時候強風也能驅散霧。

平流霧常發生在水體表面，如湖泊或海洋，生成的條件也需要地表空氣冷卻導致水氣凝結，此物理過程與輻射霧並無二致。當溫暖而溼潤的空氣移動到水體上方，溫度較低的水體使得溫暖的空氣逐漸冷卻，當溫度達到露點以下時，水氣開始凝結，就生成了霧。與輻射霧不同的是，平流霧的形成需要較強的風將暖空氣推到水體上方。有時候風會將霧推上陸地，因此偶爾沿海地帶會出現霧，但在內陸不過幾公里的地方卻是晴朗的天氣。如果潮溼溫暖的空氣源源不絕地供應，平流霧可能持續幾小時甚至幾天。

山坡霧的成因類似於平流霧，當溫暖潮溼的空氣遇到山坡時，空氣開始上升，高度增加使空氣溫度漸漸下降，當溫度降到露點以下時，水氣就開始凝結。基本上這就是我們常常看到高掛在山腰或山頂的雲，但如果你正好在山裡，對你而言這就是霧了。

有時候你可能會聽到氣象預報員或氣象學家提到冰霧（freezing fog）。冰霧與一般的霧唯一的區別就是冰霧發生在 0℃ 以下，此時霧中的小水滴並不一定凝結成冰，而可能以過冷水的形式存在。對能見度的影響而言，冰霧與一般的霧相同，但是過冷水一旦接觸物體表面，就會立刻凝固成白色的冰，這就是所謂的霧淞（rime）。

由於霧經常是一種局部的天氣現象，因此要準確地預測並

不容易。雖然有些時候的天氣條件有利於大範圍霧的生成，但是局部的濃霧也會發生，這是開車時最危險的狀況，原本視線清晰良好，轉瞬間就身陷濃霧之中。

天氣預報員通常會先考量大範圍的天氣條件。如果是輻射霧，我們會先確認風速，太快或太慢都不行。其次我們會看空氣的露點為何，最後我們會預測溫度會不會降到露點以下2℃，如果是，那麼生成輻射霧的機會就很大，特別是低空氣團的溼度很高時。

山谷發生輻射霧的機會比較高，所以預測通常較為準確。這是因為山谷的氣溫通常比周圍的地區要來得低些，因此比較容易降到露點以下。預測霧將在何時結束，其實跟預測霧會不會發生一樣困難。當西蒙在英國空軍擔任氣象預報員時，由於飛行員必須等待霧散之後才能執行飛行任務，因此早晨的氣象簡報常常是西蒙的頭痛時間。霧消散的條件之一是氣溫升高，溫度升高使得空氣中的水滴從液態重新恢復成氣態。因此氣象預測的技術是必須分析霧在何種溫度會開始消失，同時預測地表附近何時會到達這個溫度。有時經驗法則也派得上用場，把所在的月分加上 2，就是霧消散的時間。比如說現在是 9 月，9 加上 2 就是 11，因此霧在早上 11 點才會消失。當然這個方法不一定完全正確！

另一種讓霧消散的方式，是風力增強得以和霧混合並驅散霧。夜間如果有雲移入並位於霧層的上方，也有可能讓霧消散，這是因為雲可能會讓地表的溫度微幅上升的緣故。但如果雲到了早晨才出現，反而會遮斷陽光的照射，霧就更不容易消失了。總之，霧總是讓人捉摸不定。

　　對於平流霧的預測，包括海霧和山霧，我們會關注大範圍的天氣狀況。如果大環境顯示將有暖鋒帶來溼潤的空氣，此時我們就要分析露點，同時預測溫度會不會降到露點以下。在多數情況下，當暖鋒從英國的西部或西南部穿過時，時常會出現大量低雲和溼氣，導致在沿海地帶或迎風坡形成了平流霧。通常平流霧的形成要比輻射霧更容易預測。

什麼是濃湯霧？

　　在英國，霧非常濃的時候，氣象預報偶而會用「濃湯」（Peasouper）一詞來形容霧。這個名詞最早出現在 1820 年的倫敦，當時有一位藝術家形容倫敦的空氣就像豌豆湯一樣濃。在當時，其實造成能見度極低的罪魁禍首並不僅僅是霧，由於那時城市居民還是燃煤取暖，因此像倫敦等有嚴重汙染問題的大城市，空氣中總是充滿了濃厚的煙霧。在有些日子，當霧形成並隨著微風吹起，混合了這些懸浮在空氣中的汙染物，其結果就是能見度極低的濃霧。汙濁的空氣中含有毒性的二氧化硫以及煤灰，造成許多老年人、年幼者，還有那些呼吸疾病患者的死亡。在一次最嚴重的空氣汙染事件中，僅僅在倫敦一地，估計就有約 1 萬 2,000 人死亡，促使英國在 1956 年通過《空氣清潔法》（Clean Air Act）。現在在英國已經沒有煙霧汙染的問題了，但若是有特別濃的霧時，當地人還是會用濃湯霧來形容。

一些關於霧的現象

- 當能見度低於1,000公尺時，稱之為霧；能見度高於1,000公尺，但低於8公里時，稱之為靄。此外，當能見度在2～10公里之間，但並非由空氣中的水滴所致（空氣中的溼度低於70%），稱之為霾（haze）。

- 世界上霧最多的地方是加拿大紐芬蘭島的紐芬蘭大淺灘（Grand Banks），每年有霧的天氣超過200天。

- 2006年交通最繁忙的聖誕節前夕，濃霧與冰霧籠罩英格蘭的東南部，持續了好幾天，造成交通大亂，5天內數百航班因此取消。

- 智利阿塔卡馬沙漠（Atacama Desert）是世界上最乾燥的地區，當地的居民會使用網來「捕捉」空氣中的霧，當霧從海上吹來，水滴會凝結在網上，然後滴落到溝渠中，每天最多可以收集到70公升的水。

- 1776年8月29日，美國宣布獨立後的幾週，濃霧幫了美國國父喬治華盛頓一個大忙。當時美軍在今天的紐約市被英軍包圍，由於濃霧使得英軍動彈不得，華盛頓帶領大約9,000名美軍，在沒有發射一槍一彈的情況下從布魯克林安全撤退。

- 霧虹（fogbow）是在霧中形成的彩虹。當太陽在觀察者的背後時，光線被霧中的水滴反射回來，原理與一般的彩虹並無二致。通常霧虹的顏色比較淡，這是因為霧中的水滴比較小的緣故。

💡閃電

有多少閃電發生在熱帶？

雖然閃電不是經常發生，但是你可能不知道全世界地表每秒鐘平均可以發生 100 次閃電。絕大多數的閃電發生在熱帶、常被稱為熱煙囪（hot chimneys）的地區，這是因為日照強、對流旺盛，經常形成大型的積雨雲與雷雨的緣故。

即使在晴朗的天氣，大氣層也帶著電，我們可以在地表測量得知。當積雨雲開始形成茁壯，雲中的電荷逐漸增加，閃電亦隨之發生。我們已經知道，積雨雲內部有劇烈的上下對流作用。水滴與冰滴在雲中不斷地碰撞摩擦，摩擦產生了靜電，正負電荷會自然地分開，帶正電的粒子在雲的頂部集中，帶負電的粒子則集中在雲的底部，就像電池的正負極一樣。當正負電荷累積到一定程度時，雲裡的正負電荷會劇烈中和，此時強烈快速的閃電從負極流向正極，絕大多數的情況下，閃電由雲底往上傳向雲頂，此即所謂的雲中閃電（intra-cloud lightning）。由於地表帶正電，當帶電量足夠時，閃電

會由雲層往下傳向地面，我們稱之為雲地閃電（cloud-ground lightning）。

　　從純技術觀點而言，閃電就是電流，因此是沒有溫度的；但是當電流通過空氣或其他物質時，會造成傳導物質溫度的上升。當閃電發生時，閃電流過的空氣會瞬間加熱到 2 萬 7,500℃，這個溫度差不多是太陽表面的 5 倍（5,500℃）。這樣的過程正是暴風雨中的閃電總是伴隨著雷聲的原因。當電流通過空氣時，會瞬間壓縮周圍的空氣產生巨大的震波，當震波經由空氣傳到我們的耳朵，就是我們聽到的雷聲。如果閃電離我們很近，雷聲聽起來會像響亮鞭擊與撞擊的聲音；若閃電離我們很遠，雷聲到達我們耳朵時只剩下持續的轟隆聲。

我們可以利用閃電發電嗎？

　　聽起來可能很驚人：一道閃電可以產生 1,000 萬焦耳的能量，足夠供應一個家庭一個月的用電量。因此，理論上如果我們可以收集閃電的能量，那豈不是一種極佳的再生能源嗎？這個主意雖好，執行起來卻困難重重。首先，一道閃電的能量雖然無比巨大，卻稍縱即逝。以目前的工程技術，我們還沒有辦法在極短的時間內捕捉如此巨大的能量，並在同時間加以處理儲存以供日後長期使用。另一個主要的問題是，閃電發生的時間和地點都極為零星而難以捉摸，幾乎不可能確定其可能擊中的位置。此外，閃電發生的地點主要在熱帶地區，那裡的人口密度相當分散。科學家已經估算出，即使我們能夠收集全球電擊所產生的能量，每年大約只能提供 8％ 美國家庭用電。

閃電最頻繁的地區是哪裡？

閃電最常發生在對流旺盛的赤道地區，因為那裡熱能更多，巨塔般的積雲雨產生的雷雨造成頻繁的閃電，中非、中美以及亞洲太平洋地區都是閃電最容易發生的地方。山區發生閃電的機會比較高，因為地形有助於氣流上升，對加速對流作用有推波助瀾的效果。如果附近有大面積的水體，豐沛的水氣就更有利於積雨雲以及閃電的生成。在委內瑞拉卡塔通博河（Catatumbo）注入馬萊開波湖（Maracaibo）附近，平均每年每平方公里能發生 250 次閃電，（按照作者的邏輯）平均每分鐘可以看到 28 道閃電。剛果民主共和國的奇富卡（Kifuka）山村也是另一個閃電的熱點，每年每平方公尺能發生 158 次閃電。

第三章

雲

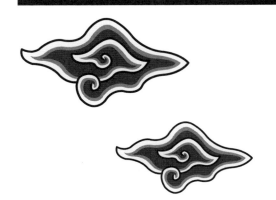

💡 雲從哪裡來？

　　每天浮雲優雅地飄過天際，然後消失地無影無蹤。雲的生成、消失以及不斷變化的形狀都與太陽、大地、海洋息息相關。地球上並不是每個角落都有產生雲的條件。整體而言，大氣層可以細分為 7 層，每一層都以不同的方式呵護著地球。離我們最近的大氣層主導水的循環，將水以不同的型態在陸地與海洋之間轉移，維繫了生物圈的廣度與深度。

　　最接近地表的對流層富含著維持生命所必需的氧氣、大量的氮氣，以及少量卻極其重要的二氧化碳、水蒸氣與其他溫室氣體。對流層是製造天氣的機器，主宰全球熱量與水分的分配。大氣對流層中最重要的動態現象，是空氣溫度隨著高度上升遞減。對流、平流與凝結等造雲的基本機制都與這個現象有關。雲在對流層的每一個高度都可能形成，不同的雲會彼此互動混合，上升至高空或下降到海面。

雲的成分

　　如果我們問 5 歲的幼稚園小朋友雲是什麼做成的，可能有小朋友會大聲說：「棉花糖！」雲看起來的確像棉花糖，但事實上，漂浮在空中的白雲是由數以百萬計的雲滴組成的，隨著愈來愈多競相存在，最終，它們成為天空白色蓬鬆的雲朵，看起來就像棉花。

　　撇開棉花不談，雲的兩項基本成分是水氣與熱能。熱能提

供空氣移動時需要的能量，當充滿水氣的空氣經由對流或平流作用移動到溫度較低的環境時，空氣中的水氣就會開始凝結成微小的水滴或冰滴。凝結核，如灰塵或鹽，是雲生成過程中另外一個關鍵，水分子必須附著在凝結核上才會形成較大的水滴。凝結核大小約 1 微米，水分子大小約 0.0001 微米，當水分子開始附著上凝結核，便迅速形成雲滴。雲滴的重量很輕，因此可以漂浮在空中，如果水氣來源充沛，雲就會逐漸成形。

雲的形成

對流：

氣溫升高導致氣流上升。

平流：

水平方向的空氣流動，同時造成熱能的移動。

凝結：

水氣因冷卻而形成液態。

上升與下降：

由於太陽照射的強度因地而異，因此有些地方空氣上升，有些地方空氣下降。大範圍的下降氣流產生高氣壓，上升氣流產生了低氣壓。流動的空氣攜帶水氣與熱能。這是一個完美的能量系統，調節了極端的熱與冷、溼與乾。雨林、沙漠、苔原、極地與中緯度的森林都因為地球的天氣系統得以存在，繁複的生態系統將我們的行星塗上藍、綠、白、棕等各式各樣不同的顏色。

💡雲的隊伍

　　看過氣象預報的天氣圖嗎？圖上顯示了暖鋒（有紅色半圓形的紅線）以及跟隨在後的冷鋒位置（有藍色三角形的藍線），不同的鋒面帶來不一樣的雲，因此我們只要看看頭頂的雲，就知道我們目前跟鋒面的相對位置。空氣溫度決定了密度，冷空氣的密度高，暖空氣的密度低，這兩種空氣不會立刻混合在一起，暖空氣會上升到冷空氣上方，兩者之會有明顯的界線，但冷暖空氣兩者終將混合在一起。我們可以從雲的變化觀察到這個漸變的過程。一開始出現的是層狀的雲，最終會變成一朵朵不穩定的積雲。

捲雲（Cirrus）

高空如薄紗般的雲，其厚度不足以遮蔽陽光。當暖空氣在對流層頂輕拂過冷空氣表面，會產生微小的冰滴，如同風吹過雪地時捲起的雪。這些冰滴形成的羽毛狀薄雲常常是變天的前兆，當雲層逐漸變厚，雨將隨之到來。

高層雲（Altostratus）

不薄不厚的雲，能遮蔽太陽。當暖空氣逐漸與冷空氣混合，層狀的雲開始出現，發生在對流層中部，雖然厚度足以遮蔽陽光，但是不會產生降雨，是高度更低的雨雲即將來臨的前兆。

雨層雲（Nimbostratus）

「stratus」的意思是層，「nimbo」的意思是雨，合

起來便是雨層雲。雲在這個階段已有相當的厚度，從低空到對流層高處都充滿了水氣，烏黑的低雲籠罩天空，這是產生降雨的雲。從最早的捲雲到雨層雲的出現，顯示暖空氣與下方的冷空氣已經充分混合，在鋒面系統中此一溼暖的地帶被稱為暖區。

積雲（Cumulus）

當雨層雲散去之後，天空也明亮了起來，這表示溼暖空氣已經離去，取而代之的是乾冷的空氣。此時空氣還處於不穩定的狀態，有利於積雲的產生。積雲的出現表示冷鋒已經過去或冷空氣已經回來。積雲有明確的形狀，同時雲朵獨立分布，陽光可以從雲的間隙中灑下。當積雲慢慢地變大，從淡積雲（humilis）、中積雲（mediocris）到濃積雲（congestus）時可能會產生陣雨。陣雨發生時，常伴隨著方向多變的狂風，彷彿告訴我們，天氣就要轉冷。積雲不只出現在低空，當積雲出現在對流層高處時，表示高空天氣也處於不穩定的狀態，在對流層中部產生的積雲稱為高積雲（altocumulus），在對流層的更高處產生的積雲則被稱爲卷積雲（cirrocumulus）。

在衛星照片中，我們可以清楚地看見鋒面系統中雲的生成與移動，像是低壓系統漩渦狀的中心以及向外擴張幾百公里的雲，平滑的層雲，以及一朵朵分散的積雲。各種不同的雲狀，均顯示了大氣的變化。

簡單地說，這些大型天氣系統就是不同性質氣團之間的角

力。我們可以想像來自北方的冰冷氣團向南移動，以及來自熱帶、充滿溼氣的暖氣團向北移動，當兩種截然不同的氣團在海上相遇會合，那是一種南與北、冷與暖、極地與熱帶的對抗。

　　對於愛好攝影、繪畫，或單純喜歡觀察天空的人，可能會覺得層雲單調而乏味，但是要完整地解釋雲系的發展，層雲與積雲兩者缺一不可。當層雲與積雲相繼出現在天空，告訴我們的是來自熱帶與兩極的巨大空氣團，經過漫長的旅行終於相遇結合。低氣壓及其伴隨的鋒面系統，對重新分配地球上的熱與水有關鍵性的影響。每一種雲都扮演著它們的角色，從最初薄紗般的捲雲，告訴我們冷暖空氣的相遇，然後是層雲帶來的降雨、積雲產生的陣雨，最後是冷氣團帶來的乾冷空氣。

💡雲什麼時候會開始降雨？

　　我們已經知道雲其實是由水構成，但更令人費解的概念是為什麼水會懸浮在空中？雨是如何保持在雲層中呢？讓我們來試著解答這些問題。

　　當雲滴互相接觸碰撞，就會開始結合成較大的雲滴，此過程稱為合併。而持續不斷的碰撞，又更進一步結合成為更大的雨滴。然後，雲裡面的上升氣流會持續對抗重力作用，讓水滴懸浮在空中，這是一場上升氣流與重力之間的角力，將決定降雨與否以及何時降雨。當雨滴的重量大到上升氣流不足以支撐的時候，雨滴就會開始下降。

為什麼雲的底部看起來都在同一個高度？

當空氣上升逐漸冷卻，空氣含水的能力隨之下降，直到空氣溫度下降到一個臨界點，溼度達到飽和時，水氣凝結，雲也就開始生成了。這個高度稱為舉升凝結高度（Lifting Condensation Level，LCL），也就是雲底的高度。空氣達到這個高度後，水氣便會凝結成雲滴，此時的溫度即為露點，雖然露點的高低因地而異，但是局部範圍內的氣團大致具有相同的性質，因此舉升凝結高度也大致相同，使得雲開始形成的高度也差不多，所以雲的底部看起來都在同一個高度。

雲可以在空中維持多久？

如果雲內部的氣流可以讓對流、凝結與合併的作用持續不斷地進行，同時雲能夠一直補充熱能與水氣，雲就會一直存在著。由於這是一個持續的過程，因此所有的雨滴不會同一時間落到地面。另一個考量因素是雲可能會跟比較乾燥的空氣混合，雲裡的水滴也可能會蒸發。來自太陽的輻射以及地表的長波輻射，都能增加雲的溫度。霧或層雲常常在太陽出來之後消失，就是因為空氣中的水氣被「燒」而蒸發的緣故。如果無法持續得到能量的補充，都會讓雲變小或消失。例如某些雲，因

傍晚氣溫降低消失（失去對流作用）；其他則可能是兩個截然不同的氣團混合而相互抵消能量（失去平流作用）。

對流作用是我們最關心的對象

　　雖然我們無法用肉眼觀察，但是太陽的熱力可以讓空氣活躍起來。當太陽輻射被地表吸收後，會以紅外線或熱能的形式重新輻射回大氣的最低層。當空氣被加熱而比周圍環境溫暖時，熱氣流會從空中悠然地升起，這是愛玩滑翔翼的人最好的朋友。太陽繼續發威，地表附近的空氣溫度也不斷地升高。當空氣或其他流體受熱，以至於體積開始膨脹而上升，就是所謂的對流作用。上升的熱氣流固然重要，但雲得以形成，更關鍵的因素是水氣。當空氣經過水體的上方，空氣中的水分會因此增加。一個有趣的現象是，溫度愈高，空氣就能攜帶愈多的水氣。在適當的條件下，當熱空氣上升遇到高空的冷空氣時，劇烈的天氣現象可能就此爆發。

　　「CAPE」（Convective Available Potential Energy，對流可用位能）是氣象學家、天氣愛好者或是追逐暴風的人常喜歡用誇張表情討論的時髦字眼，意思是大氣能提供多少的能量給醞釀中的風暴。它告訴我們風暴會有多強烈，而且其終極能力有無可能發展成超級核胞（supercell）以及龍捲風。

怎麼知道風暴即將來臨？

　　有時氣象預報會預測說可能會有雷陣雨，最後卻什麼都沒

有發生。當大氣條件有利於積雨雲的生成時，雷陣雨發生的機率自然偏高，但是要精確地預測雷陣雨會在哪裡發生，卻又困難得多。這種狀況就有點像用鐵鍋爆米花，你知道鍋子裡的玉米粒遲早都會爆開，但你不知道哪一部分或哪一粒玉米會先爆開。然而當大氣條件有利於雷陣雨的產生時，倒是有一些徵兆可以幫助你判斷雷陣雨會不會影響到你。

你會注意到的第一件事是積雲的形成發展，夏日午後蓬鬆如棉花般的雲首先在天際出現。如果熱力與溼氣足夠，積雲會成長茁壯變成濃積雲。隨著厚度的增加，雲的顏色愈來愈深，接下來會更進一步發展成積雨雲。如果你開始聽到雷聲，這表示雷陣雨已經不遠了。當雷陣雨更加逼近之際，你會在聽到雷聲之前先看到閃電；如果是在夜間，閃電會更加明顯。因為光行進的速度比聲音快，如果雷雨離你還有一點距離，你會在看到閃電之後才聽到雷聲。

小時候有沒有算過閃電之後幾秒才聽得到雷聲？這其實是計算雷雨還有多遠的好法子，從看到閃電發生，到聽見雷聲之間的秒數除以 3，就可以得到雷雨距離我們的公里數（如用英制，則除以 5 得到英里數）。如果閃電之後馬上就聽到雷聲，那表示雷陣雨已經在你的正上方了。

雖然雷陣雨大多是局部範圍的天氣現象，但也能在大範圍以更戲劇性的方式發生。如西班牙羽流（Spanish Plume）就是一個例子，這是當溼熱的空氣從西班牙高原向北往法國以及英國移動，此時剛好有冷空氣從大西洋往英國移動的話，兩個性質不同的氣團相遇後產生極度不穩定的氣流，地表空氣很快地上升促成積雨雲的生成。此時我們常常看到形如城堡般的積雲

（altocumulus castellanus），被氣象學家暱稱為「Ac Cast」，之所以說「暱稱」，是因為它是一朵美麗的雲，在天空中捲曲並盤旋成螺旋狀；而這種積雲並不常見。其顯示大氣正處於極不穩定的狀況下，如果地表溫度繼續上升，地表附近的空氣也會變得極不穩定，當大氣由上而下都處於不穩定的狀態時，我們就能看到許多巨大的積雲雨。

　　有些人宣稱他們可以感覺暴風雨即將來臨，這件事說來奇怪，作者西蒙在軍隊負責氣象預測工作時，經常待在戶外觀察天氣，他常常覺得他能感覺到風雨即將來臨（當然他有很多觀測數據可供參考）。這種能力當然很難用科學方法證明，一些科學家認為人的身體有可能會對天氣的變化產生反應，例如當風雨將至而氣壓開始降低時，骨頭周圍的體液可能產生反應，特別是關節炎患者。如果你具有特別敏銳的嗅覺，也許可以聞到即將來臨的暴風雨。之前我們討論過雨的味道，你知道下雨時可能會聞到潮土油（Petrichor）的味道。有時在暴風雨來臨之前，這種氣味可藉由強風傳播至好幾英里外。當雷雨正在醞釀之際，空氣中電荷活動增加，閃電亦造成臭氧含量上升。臭氧（Ozone）源自於拉丁文的「嗅」或「聞」，有獨特的味道，你或許在使用影印機時曾注意過。如果風將雷雨產生的臭氧吹向我們，嗅覺靈敏的人就可以感覺到暴風雨即將來臨。

積雲

現代的繪製技術與大氣預報的科技發達之前，預測天氣主要依賴於每天觀察天空的動態，即使是最細微的變化，不管是顏色、形狀或陰影都能提供天氣變化的線索。不同的天氣條件會產生不同的雲，雲的變化往往可以透露天氣轉換的玄機。

形狀與高度

大氣中溫度與溼度的變化，往往最先反應在空氣流動上，雲的形成會更進一步加速這個變化。雲因空氣流動而產生，是判斷未來天氣動向的最佳線索，內行人僅需根據雲的高度與形狀，就可以猜到何時會下雨、何時太陽會重新露臉。

形狀如泡沫般的雲，是因為局部的空氣受熱上升並與高空冷空氣混合而成。這種雲是當地產生，而非外來的，其所造成的雨我們稱為陣雨。此種型態的雲屬於積雲家族，雖然陣雨由低空的積雲產生，積雲卻可能在對流層的任何高度形成。

在陸地上，積雲的形成需要足夠的太陽輻射加熱地表，通常在早春（甚至晚冬）以後才會發生。在最冷的幾個月分，因為日照微弱而導致地表冰冷，積雲常發生在比較溫暖的海面，特別是高空的空氣較冷時，這經常發生在冷氣團從北方南下之際。因此冬季期間，沿海地帶會比較容易發生陣雨，內陸地區則由於地表溫度低，不足以產生積雲，除非有強風將積雲吹進內陸，才會在內陸產生陣雨。冬天的陣雨經常雨雪混合，或者只有雪。

顏色與陰影

　　如果積雲是白色的，而且幾乎看得到頂端，這是象徵好天氣的雲，有時候會遮住太陽，但往往只是飄過天空，最後消失或散開成稀薄的雲。積雲的顏色愈深、高度愈高，就愈有可能帶來劇烈的天氣。上升氣流將使水氣凝結成水滴或冰滴，帶來驟雨與狂風。如果積雲繼續成長，高度超過好幾公里，同時遮蔽了大片的天空，那麼閃電、雷聲、暴雨、冰雹雨和狂風都可能出現。如果數個積雲合併成更大的積雲，並開始翻滾旋轉，那就該立刻尋找安全的地方避風雨，因為龍捲風可能就要來了。總之，雲的形狀是大氣變化狀況的最佳指標。

積雲家族（Cumulus）

　　「Cumuli」的意思是「堆」。

卷積雲（Cirrocumulus）

　　體積小，發生在2萬5,000英尺左右的積雲。

高積雲（Altocumulus）

　　發生在1萬英尺左右的積雲。

積雲（Cumulus）

　　發生在7,000英尺以下，能產生降雨，通常不會在空中停留太久的雲。

積雨雲（Cumulonimbus）

　　體積最大的積雲，能發展到對流層頂，造成雷雨。

積雨雲

　　這是最壯觀的雲，從 8 ～ 13 公里（5 ～ 8 英里）的高空俯視其他所有類型的雲，但是不像層積雲那般持久。積雨雲來時聲勢浩大，卻常常在幾個小時內就煙消雲散。

　　積雲雨的爆發力可以從它砧形的頂部看出來，當空氣挾帶著大量的水氣受熱上升，水氣會不斷冷卻凝結成雲滴。但是當空氣達到對流層頂進入同溫層時，因為同溫層溫度較高，水氣無法繼續凝結，因此積雨雲的高度無法突破同溫層，此時上升的氣流會向四面八方散開，造成積雲雨頂部擴大而形成鐵砧般的形狀。

　　地球上有些地方很少有雲出現，像是沙漠或莽原（savannah），但即使是一些充滿生命的地方，還是很常見高溫無雲的天氣。空氣在這些地方受熱之後仍然會上升，但是如果缺乏水氣，雲便無法形成。不過在沿海地帶的午後，對流還是可能形成，當陸地受熱而產生上升氣流，溼潤的海風便吹進內陸填補，形成一個局部範圍的低壓。這時候如果有一個來自不同方向的盛行風與海風相遇，兩風交會的地帶會產生更強的上升氣流。此時萬事俱備，炎夏午後的一場雷陣雨就此誕生。

積雨雲的內部是什麼樣子？

　　積雨雲是最大、最能產生劇烈天氣的雲，積雨雲不但能帶來雷電，還能夠升級成足以產生龍捲風的超級核胞。甚至能更進一步產生多個雷雨胞（daughter cells），最後形成中尺度對流系統（mesoscale convective systems，簡稱 MCS）。這種天

氣體系的面積可以超過 100 公里，產生龍捲風、暴雨、冰雹以及頻繁的閃電等劇烈的天氣現象。

利用都卜勒雷達（Doppler radar）可以讓我們觀察積雨雲內部的活動情形。除了分析降雨之外，還可以計算雨滴在雲內的移動速度與方向，這可以讓我們判斷積雨雲內部對流作用的強度，對於預測龍捲風的生成也有幫助。

如果你有幸進入積雨雲的內部，劇烈的上下氣流會像洗衣機一樣把你甩來甩去，閃電與冰雹也可能威脅你的性命。就算你得以僥倖活命，零下的溫度最起碼也會帶給你嚴重的凍傷。這就是為什麼飛行員會竭盡所能地避開所謂的「Charlie Bravo」（CBs，積雨雲英文的縮寫）。

有時最好的飛行員也無法躲過命運的安排。空軍中校威廉·藍金（William Rankin）在一次飛行任務中因為飛機引擎故障，在 4 萬 7,000 英尺的高空被迫跳傘逃生，幸好當時有戴氧氣面罩，否則在這個高度會窒息而死。他在降落的過程中直接落入一個積雨雲的中心，當時的溫度只有零下 50℃，積雨雲中狂風肆虐、雷電交加，他完全被包圍在雨、冰雹與烏雲之中。他使用的降落傘設計在 1 萬英尺時會自動打開，但是經過了 5 分鐘左右，他覺得應該已經到達這個高度了，降落傘卻還是沒有打開；原來上升氣流一直把他推回到雲裡面。最後降落傘終於張開了，但事情反而更糟糕，上升氣流再度把他帶回到雲裡，整個事件的過程中他完全身不由己地在雲裡上上下下地移動，周圍不斷地發生閃電，再加上震耳欲聾的雷聲，除了極低的氣溫之外，雲裡濃密的水氣讓他覺得自己隨時都會淹死。經過大約 40 分鐘與死神的博鬥，他終於成功地離開積雨雲，

還算完整的降落傘安然地將他帶回地面。之後他必須在醫院裡待上好幾週，接受凍創傷、減壓症以及挫傷的治療。

層雲

層雲家族（Stratiform）

「stratus」在拉丁文中意思為「層」。

層雲（Stratus）

低空雲，常帶來微微細雨。

層積雲（Stratocumulus）

低空帶有波浪狀的雲（通常不會造成降雨）。

高層雲（Altostratus）

對流層中部的層雲（7,000～1萬英尺），厚度使太陽無法穿透。

卷層雲（Cirrostratus）

高空的薄雲，厚度不足以遮蔽太陽或月亮，由冰晶組成，高度在2萬～4萬英尺之間。

層雲可能存在於對流層中的每一個高度，在高空由冰滴組成。低空的層雲大多沒有明顯的形狀，帶來的小雨常被形容為惱人的雨，很多氣象預報員並不認同這種說法。

認識平流與層雲家族

　　如果一片雲盤據了大片的天空，看起來除了平以外沒有明顯的形狀，那麼十之八九是層雲。層雲大多因平流作用產生，但有時也可能因為逆溫現象（溫度突然隨高度增加而上升），使得積雲向上發展受阻，因而改為向四周發展。積雲一般因為對流作用而在當地產生，層雲則傾向於平流作用產生。層雲的厚度通常很厚，但是缺乏垂直運動，而在水平方向擴張幾公里之遠。當層雲發展到一定的程度就會帶來降雨，這一類型的降雨通常可以維持較久，因為雲的面積往往較大，也比較不受局部範圍內地表條件的影響。

卷雲：變天的前兆

　　我們觀察天空的卷雲，起初只是薄如蟬翼，但雲層倏地變厚，不久之後就會開始下雨。對於那些敏銳的觀察者，卷雲的出現可能顯示風雨只在幾百公里以外，也許不到 6 小時就要變天，時間的長短端賴天空的雲層如何變化。

今晚會結霜嗎 ？

　　當太陽下山之後，地表就失去了主要的熱源。如果天空晴朗，地表在白天累積的熱能很快就會消失。另一方面，厚厚的雲層可以提供很好的隔熱效果，像一床巨大的毯子，將地表發

散的熱量保留在低空中，這通常是會不會結霜的關鍵。如果是
炎夏的夜晚，天空的雲將致使地表的溫度與溼度都難以下降；
如果是晴朗的夜晚，第二天早晨比較容易出現霜、露水或霧。
一般而言，如果沒有冷空氣入侵，一天之中的最低溫是出現在
日出以後的半小時內，因為即使太陽出來之後，地面仍然持續
散發熱量。地表需要一點時間加熱，才能將吸收自太陽的能量
輻射回大氣中。

古人如何預測天氣？

四則與天氣有關的俗語

" 晚霞牧人喜，朝霞牧人憂 "

　　這句話有時候可以準確地預測天氣，不論晚霞或朝霞都與瑞利散射（Rayleigh Scattering）有關，空氣中的粒子將藍光散射，只剩下波長較長的紅光。當太陽下山將天空染紅時，表示翌日清晨將會有和煦溫暖而相對穩定的天氣。以英國為例，主要的天氣系統來自於西方，因此倘若傍晚看得到夕陽，就表示沒有雲從西邊過來。如果早上太陽將天空染紅，表示好天氣或高壓已經往東邊去了，接下來天氣可能會變壞。

" 月暈則雨 "

　　雲是變天的前兆。月暈是月亮周圍環狀的光圈，成因是高空卷雲中的冰晶反射或折射月光所產生的奇妙光學現象。折射會使月光分散成紅、橙、黃、綠、藍、靛、紫七種顏色，其他種類的雲都會遮蔽月光。卷雲是正在接近中的天氣系統的前哨，如果你看到一片卷雲，雲層不久後就會變厚，雨的腳步也不遠了。

“月夜如霜”

在中緯度地區，只有夏季期間無霜，使這句話在其他的月分有相當的準確性。一般而言，白天地表受太陽照射而溫度升高，入夜之後溫度便漸漸下降。如果空中有雲，會像毯子一樣產生保暖的效應；若沒有雲，地表的溫度會下降得比較快，在冬天甚至春秋兩季，地表溫度可能降到0℃左右，因此無雲的月夜常常會結霜。

“毬果打開時，好天氣就快到了”

這句話有相當的科學根據，毬果的開啟或閉合和空氣溼度大小有所關連。天氣乾燥時，毬果會將鱗片打開，讓種子容易掉出來被風帶走並到處散布。空氣溼度大時，對毬果則有相反的效果，其鱗片會吸收溼氣而彈性地閉合起來以保護種子維持著自然狀態。因此如果毬果的鱗片打開時，我們就知道乾燥的天氣要來臨了，反之，溼潤的天氣就要報到。

第四章

宏觀的大氣現象

　　氣象專家會根據各個地方天氣短期（氣象）以及長期（氣候）的型態劃分出不同的氣候區，例如沙漠、雨林或中緯度氣候區，甚至更小範圍的島嶼或高地氣候區。但我們必須了解，空氣的流動並不會總是遵循這些人為的疆界，即使崇山峻嶺也不能完全阻止風持續不停地流動。

　　大尺度的大氣環流以不同的方向、速度、角度，在水平以及垂直兩個方向移動空氣，將世界每一個角落連結起來。這些空氣的移動不僅僅混合乾燥與溼潤的空氣，也混合了寒冷與溫暖的空氣，更甚者，掠過海洋表面的空氣，不斷與海洋互動，使得空氣中的水分子在氣態與液態間持續變化，暴風在海面掀起滔天巨浪，大範圍的盛行風改變海水在水平與垂直方向的流動，形成所謂的洋流，洋流又再反過來影響天氣的變化。

　　從高空俯瞰有如鏡面的海洋，大氣的活動似乎難以穿透，但是在平靜的表面之下，洋流移動的縱深廣泛涵蓋了整個地球，即使在最寒冷的南極海洋底部，冰冷的海水偶爾也能上升到表面，影響海面的氣溫。

　　大氣與海洋並非互斥、毫無關聯，而是同時存在並互相深化影響，氣候變遷對於大氣的影響通常比海洋來得早。許多氣候現象如冰河時期、聖嬰現象（El Niño，參見第89頁）以及季風都同時受到大氣與海洋兩者的影響。我們想要了解氣候的完整面貌，必須同時考量海洋所扮演的角色，唯有同時觀察大氣與海洋、大環境如何影響局部地區，我們才能真正了解天氣，而這也就是我們所說的宏觀大氣現象（Bigger Atmospheric Picture）。

空氣如何在地球表面流動？

　　要回答這個問題，我們得先了解一些空氣流動的基本條件。首先，空氣會從密度較高（高壓）的地方朝向密度較低（低壓）的地方流動。其次，空氣從高壓流向低壓時，由於受到地球自轉所產生的科氏力影響，並非以直線進行，而是會向左或右偏移。空氣從高氣壓中心由高空向地面以漩渦狀的方式向外移動，低氣壓中心地帶空氣旋轉的方向正好與高氣壓相反。空氣旋轉的方向依南北半球而異，在北半球，低壓周圍的空氣以逆時針方向旋轉，高壓周圍的空氣以順時針方向旋轉；南半球空氣旋轉的方向則與北半球相反。

　　溫暖溼潤的空氣會向上移動，如果上方的空氣較冷，將更有利於暖空氣持續上升，這種狀況在冷暖氣團相遇時最容易發生。冷暖氣團的性質互異，暖氣團的密度較低，因此當冷暖氣團相遇而旋繞時，暖氣團被迫上升，由於科氏力的作用，空氣流動之際會以漩渦狀的方式移動。

　　終於，上升的暖空氣隨著溫度逐漸下降，空氣中的水分子開始凝結成雲或雨。地表附近的暖空氣上升後所留下的空缺，四周的空氣會以漩渦狀的方式持續流進來填補，這個過程一直要到空氣停止上升才會停止，此時上下方的空氣呈均勻狀態（意即，垂直溫度梯度為零）。然而當地表的暖空氣上升，將會減低地表的氣壓，便形成了所謂的低壓帶。

　　高壓地帶空氣密度大，因此空氣會向下沉降，沉降的空氣一般不會產生雲，但如果原來就有雲，高壓的存在會使雲不容

易消散，在北半球，空氣自高壓中心以順時針方向向外流動。空氣會從密度大的高壓地帶流向密度低的低壓地帶，就跟其他流體一樣。

高壓帶與低壓帶的天氣？

低氣壓有不同的強度與廣度，從區域性的低氣壓帶來局部範圍的風或雨，大到涵蓋幾千公里的巨大系統，如颱風。而高氣壓則經常帶來穩定平靜而良好的天氣。在夏天它總會形成晴朗溫暖（或炎熱）的天氣；在冬天則是乾冷，有時有霧或雲的天氣，無論怎樣的狀況，只要高氣壓進駐，都會待上好一陣子。地表的高氣壓看起來或許是低氣壓的同級兄弟，但當它持續建構，終會變得更頑強。高氣壓所在的地區，天氣通常維持穩定不變的狀態，如果有霧，空氣品質可能逐漸下降；如果是晴朗的天氣，常帶來持續熱浪甚至乾旱。

什麼是滯留的天氣型態？

高壓或者反氣旋（Anticyclones，比較專業的說法）可能很短暫，也可能維持很長的時間。在冬季，當空氣溼冷時，因密度大而更容易下沉。在冬天那幾個月，由於地表缺乏強烈日照，空氣溫度會顯著降低而形成高壓，特別是在大範圍的陸地上，而這可能會導致最冷的幾個月中出現季節性極平穩的低氣溫，這就是為什麼整個俄羅斯和中歐的溫度可以降得那麼低，高壓可以維持幾個月之久，帶來極為寒冷的冬天。長期滯留的

高壓也常發生在冬天的北歐斯堪地那維亞半島。當空氣變得更冷而密度更大時，噴射氣流都必須轉彎繞過強大的高壓地帶，從而減弱了氣流強度。愈來愈低溫的寒冷空氣可以讓高壓在同一個地點維持相當長的時間，形成一般我們稱之為滯留或阻塞高壓（Blocking High）這種堅持固守原處的空氣。滯留高壓不僅發生於冬天或陸地上，也可能形成在其他季節或海上。

在夏天，滯留高壓會加強並散播熱氣，影響陸地生物和水。持續的熱浪對於動植物的生存、水資源以及所有生靈均會造成威脅。在冬天，滯留高壓致使寒冷空氣的溫度更低並散播開來，其水氣會結冰或降雪。亞速高壓（Azores High）是出現在北大西洋中緯度地帶、半持續性的巨大高壓，有時候亞速高壓會成長增大而停留相當長的時間。亞速高壓只是經常出現在北緯 30° 左右的副熱帶高壓群系統的一部分，南半球也可以觀察得到類似的現象。

極端的天氣狀態不僅會在滯留高壓內形成，周圍的天氣系統也會受到干擾。就像溪水中的大石頭，水流因為受阻而被迫繞過石頭才能繼續前行，有時石頭過於巨大，甚至可以完全阻斷水流，就像低氣壓受到滯留高壓的阻擋，必須沿著高壓帶的周圍前進。只要高壓一直滯留不去，這種模式就會一直重覆，低氣壓會接二連三地繞過高壓周圍移動，為同一地區帶來不穩定的天氣狀況。此時高壓盤據的地區天氣維持穩定不變，低壓繞行經過的地區則會長期處在不穩定的天候下。如果英國上空出現滯留高壓，低壓系統多半會在北大西洋生成，並向東北方移動，為冰島帶來溼潤多風的天候。在 2018 年的夏天，英國以及西歐大部分的地區都處於非常乾燥炎熱的氣候，便是拜那

年春天持續發展好幾個月的高壓所賜。在同一時期，冰島卻經歷了有史以來最溼潤的夏季，就是因為盤據在英國上空滯留高壓的阻塞，迫使一個接一個的低壓系統沿著高壓邊緣往冰島的方向前進。

　　大氣層中有兩個類型的阻塞模式：「Omega 阻塞」以及「Diffluent 阻塞」。兩種阻塞都會造成持續的天氣類型——無論是氣旋或反氣旋。Omega 阻塞之所以得名，是因為在天氣圖上看起來像大寫希臘字母歐米茄（Omega，Ω）的圖案。高空氣流或噴射氣流被放大，在對流層中雕刻出歐米茄（Ω）的形狀，高壓處於歐米茄圖案的圓拱下方，在一組固定的低點之間，而其兩側較小的捲符便代表著低壓系統。

　　位於高壓籠罩的地區天氣晴朗穩定，兩側的低壓地帶卻是風雨交加，時而伴隨強風的天氣。如果發生在陸地上，這種暴雨很容易造成洪水與土石流。

　　2016 年 5 月，一個 Omega 阻塞系統滯留在西歐造成廣泛的洪災，法國巴黎地區更出現破紀錄的降雨量，塞納河水暴漲，洪水淹沒了首都巴黎的部分市區。類似於 Omega 阻塞，Diffluent 阻塞是當高壓盤據在低壓的北方，造成高空噴射氣流的分流，保持高壓與低壓停留在原處不動，高壓地區的天氣乾燥，低壓地區的天氣溼潤，此即所謂的 Diffluent 阻塞。

什麼是聖嬰現象？

　　每隔幾年，乾燥的智利以及祕魯中北部就會降下滂沱大雨，當地的居民把這種從極度乾燥到極度溼潤，將近 180° 的氣候轉變稱為「聖嬰現象」（El Niño），意思是「小男孩」，或更精確地說是「上帝之子」，因為這般氣候驟變，通常會發生在聖誕節前後。從歷史上來看，人們認為聖嬰現象大約每隔 7 年發生一次，但隨著我們對這氣候現象的了解愈多，我們愈加發現聖嬰現象發生的頻率其實更高，影響的範圍層面也比原先所認為的來得更大。

　　聖嬰現象帶來超乎尋常的降雨，起因竟然是鄰近海域太平洋深處海水溫度的變化所造成的。每當聖嬰現象發生時，我們可以觀察到智利以及祕魯外海的水溫上升。當較暖的赤道洋流向南推動，會導致來自南極冰冷的寒伯特（Humboldt）洋流相對減弱。在一般正常狀況下，這一帶的海域受到來自冰冷洋流所影響，因此水溫極低，冰冷的海水使得海面的空氣溫度也較低，由於海水和空氣兩者缺乏熱能互動，雲難以形成。即使這個地區經常大霧瀰漫，但是降雨極少，附近的阿塔卡馬（Atacama）沙漠是世界上最乾燥的地區，便是最佳佐證。總地來說，智利和祕魯這一帶地區由於缺乏降雨，土壤貧瘠而稀薄，缺乏維持生命所需的重要營養素。植被雖然稀疏，鄰近的太平洋冰冷海域卻多氧而富含養分，因此海洋生物極為充裕。漁獲是當地經濟的主要來源，特別是產量豐富的鯷魚（anchovies）。

　　每隔幾年，當寒伯特洋流減弱時，來自北方的溫暖洋流就得以進入這一帶的海域，換句話說，即開啟了聖嬰現象：天空開始烏雲密布，滂沱大雨接踵而至。乾旱的土地無法及時吸收突如其來的巨大雨量，便足以將人吞噬。當地居民的困境隨之而來，洪水與伴隨的土石流對居民的生命財產造成極大的威脅。聖嬰現象或許會為農村帶來亟需的水，但是從赤道湧入的溫暖海水，對魚類族群所造成的危害卻是弊多於利。科學家仍然無法確定海洋生物族群是因為水溫升高導致數量縮減，或只是暫時遷移至其他較冷的海域。

為什麼太平洋這一帶的水溫這麼低？

　　瑞典海洋學者凡恩‧艾克曼（Vagn Walfrid Ekman）發現風力可以移動海水以及海冰，其影響力不僅止於海面，甚至可以達到下層的海水。這是南半球的典型表現，智利和祕魯的外海盛行風向主要是南風，海水被風帶動時會向左偏移約45°左右（換句話說，即遠離海岸線往西北方45°移動）。這是地球自轉所增加的額外力道，意即科氏力的作用。然而，它的影響力可穿越海洋表面延伸至海水深處，引導下層海水往風向左側偏移，甚至達90°之多，這意味著大規模的海水偏離海岸線向西流動，這個動態現象便被稱為埃克曼螺旋（Ekman Spiral）。在北半球也可以觀察到同樣的現象，由於風力的影響導致大量的海水被風吹離海岸，表面洋流會向右偏離盛行風向45°，而下層的洋流可以向右偏離盛行風向達90°之多。

　　在南美太平洋東岸的海岸線，此區的東南信風會往北方

吹。因此得以證明這個理論：由於風力和科氏力的推波助瀾，不僅洋流會以 45° 被推離海岸線，相當深度的海水也會以 90° 往遠離海岸的方向移動。當海洋上層的海水不斷往外海的方向移動，深層的海水就會上升彌補留下的空缺，這便是所謂的湧升流（upwelling），湧升流將大量富含養分而且含氧量高的冰冷海水帶到表面，滋養了豐富的海洋生態。同時冰冷的海水使得上方空氣變得寒冷而穩定，造就了智利和祕魯沿海地帶乾燥的氣候環境。

　　相對於聖嬰現象的是「反聖嬰現象」（La Niña），其字面的意義是「小女孩」，此一現象是指南太平洋東側的海水溫度比平常更加冰冷。長久以來，這一帶的海域溫度就不斷地在暖化（El Niño）、正常與冷卻（La Niña）間循環，聖嬰與反聖嬰的強度也時強時弱。表面上看來，聖嬰現象是指由於洋流變化與大氣產生互動，為南美洲的西北部海岸地區帶來了超乎尋常的降雨，事實上其影響遠超過智利與祕魯的沿海地區。聖嬰現象是一個更大的海洋與大氣互動現象中的一個環節，也就是所謂的「聖嬰—南方震盪」（ENSO, El Niño-Southern Oscillation），其範圍在南太平洋熱帶涵蓋數千英里之廣，同時在全世界造成了許多氣候異常的現象。

　　沃克環流（Walker cell）是位於南太平洋自東向西的一股大氣環流，始於南太平洋東部的高壓帶，流向東南亞以及澳洲北部的低壓帶。在此，氣流上升再回到南美，形成一股周而復始的大氣環流。我們可以想像沃克環流是個沿著逆時針方向轉動的長方形，氣流首先從智利、祕魯的高空向下移動，然後沿著太平洋表面向西移動，在澳洲東北部及東南亞往上方移動，

最後在高空往東回到原點。只要在東南亞添加雨天的符號，在祕魯、智利加上陽光符號，此機制便栩栩如生。環流東部的下沉氣流帶來晴朗的天氣，造就了阿塔卡馬沙漠；環流西部的上升氣流，則為東南亞及澳洲東北部帶來了溫暖潮溼的氣候。這是沃克環流平常的樣貌。當聖嬰現象發生之際，環流的方向整個反過來，低壓系統在智利與祕魯形成並帶來降雨，而高壓系統在東南亞及澳洲東北部形成並帶來乾旱。

這個在南太平洋兩端高低壓系統位置暫時互換的現象，即是所謂的南方震盪（Southern Oscillation）。幾乎像是一個巨大無比的蹺蹺板，從正常的狀況逐漸轉移到聖嬰現象，再回到正常的狀況甚至反聖嬰現象，其影響範圍涵蓋數千英里，對全球氣候變化有顯著的衝擊。而其綜合效應，科學家稱之為「聖嬰—南方震盪」。在某些年分，這個反向模式震盪的擺動幅度太大，持續太久，為蹺蹺板兩端帶來難以承受的巨大衝擊。在智利及祕魯，暴雨帶來洪災及土石流，漁獲量也受到明顯的影響。在另一側，東南亞與澳洲東北部則發生相反的情況：缺乏雨水，天氣從溼潤轉為乾燥，熱帶翠綠植被在烈日曝曬下漸漸枯萎，乾旱開始影響農作物的生長，大規模野火發生的機率也持續上升。在南太平洋西部的淺海地帶，日照時間增加開始對海底的魚類或珊瑚礁造成不利的影響。過度的日曬促使珊瑚礁白化，一些海洋生物的數量也逐漸減少。

「聖嬰—南方震盪」對南太平洋地區生態環境有如此巨大的衝擊，甚至會波及全世界其他角落。沃克環流可以達到對流層的頂端，或同溫層的底部，也就是天氣現象所能影響到的最高點，對北半球乃至於全球的氣候都能造成一定程度的干擾。

　　即使是在聖嬰現象比較不明顯的年分，美國南方各州的冬天還是會比平常來得冷，降雨量也會減少。在聖嬰之年，極地冷氣團比較少南下加拿大或北美，因此冬天會比較暖和，降雨量也會增加。

　　根據一份近期的研究報導，在阿拉伯半島，聖嬰年有70％的機率會發生乾旱，特別是在半島的南部與西南部；在反聖嬰年這些地區則有38％的機率釀成洪災。聖嬰年也會帶給北歐更嚴寒的冬天。與此同時發生的是同溫層溫度突然上升，導致大西洋噴射氣流的減弱。大西洋噴射氣流通常會帶給英國及西北歐較為溫和溼潤的氣候，但是當噴射氣流減弱之際，造成東風的強度增加，其結果就是比較寒冷的冬天，下雪或結冰的機會也隨之增大。

　　聖嬰現象也被認為是北太平洋東側颶風增加，以及大西洋熱帶風減少的原因。部分原因是高空風向的改變，因而干擾到颶風內部風向的垂直結構，也就是所謂的風切。所以聖嬰現象會造成世界各地氣候的異常，但我們對聖嬰現象的了解仍然不夠全面，因此聖嬰也是一個被密切關注的現象，以預測可能出現的壞天氣。

　　從全球尺度而言，「聖嬰—南方震盪」會影響全球平均氣溫。在聖嬰現象比較明顯的年分，南太平洋的水溫會升高，熱能被傳導到大氣層之後，就會促成全球溫度的上升。歷史上最暖的年分都剛好是聖嬰現象最明顯的年分。相反地，當反聖嬰現象比較明顯時，太平洋水溫下降，便會間接造成全球溫度的下降。

全球熱能與反照率

　　反照率（Albedo）是指物體表面反射日照的能力，100％表示完全反射，0％表示完全不反射。如冰或雪等顏色淺的表面，有著良好的反照率；深色的表面，如綠色的植被，吸收較多的日照，有著較低的反照率。被地表吸收的熱量，部分會以紅外線的形式反射回大氣層中。

　　冰雪圈是指地球上被冰、雪或永凍土覆蓋的地區。主要包括高海拔與高緯度的地區。北極在冬天被廣大的海冰所覆蓋，南極則是一個由冰雪覆蓋的大陸，巨大的冰塊從南極冰原的周圍崩落至海中向外漂浮，最終融化。冰雪圈對地球溫度的節制有重大影響。有一個非常簡單的解釋：地球表面如果完全沒有冰雪覆蓋，地表將吸收更多的太陽輻射，陸地與海洋的溫度都將升高，海水面也將升高，終將造成極其嚴重的後果。

　　在冬季，中高緯度地區的河川、湖泊開始凍結，陸地被冰雪覆蓋，地球表面的淡水約有68％將以冰或雪的形式存在。如果同時考慮海水，淡水占總水量的比例約為1.7％。這個數字看似不大，但對全球氣候有極大的影響。一年當中冰雪的分布也因地而異，北半球冬天，當冰雪覆蓋達到最大面積時，南半球冰雪覆蓋面積達到最小值；南極的冰帽在南半球冬季向外擴張，此時北極海的冰向北極退卻。根據這個簡單的描述，全世界被冰雪覆蓋的總面積不會產生太大的變化，然而還有一些因素能夠增加或降低反照率，從而改變全球的平均溫度。當前影響冰雪圈最主要的一個因素就是全球暖化，全球暖化使得冰

雪在冬天增加的速度減慢，同時在夏天融解的速度加快。在格陵蘭、南極大陸以及冰島等地，新降雪的速度趕不上冰川或冰原融化的速度，因此覆蓋的面積正在消退中。

雖然每年太陽輻射的強度變化不大（每隔 11 年達到最低值），但是太陽輻射對大氣造成的影響卻可以有很大差異，這取決於溫室氣體的含量、聖嬰現象的強度，以及有多少太陽輻射被地表吸收後以熱能的形式重新釋放回大氣。其中，氣溫與海面的溫度是決定性的因素，當然，真相仍有待科學家發掘；但一些科學家已預測本世紀北極地區的冰將完全消失，洋流溫度的上升將延緩海水結冰的速率，秋天頻繁發生在海上的風暴也將減慢冰原擴張的速度。暖冬將會減緩秋冬結冰的速率，如果北極海的冰完全消失了，會有什麼樣的後果呢？

如果海冰完全消失了，大範圍地區將會被顏色較深的地表所取代，更多的太陽輻射會被地球吸收，地表輻射回大氣的熱能也將增加。其結果將是海水變得更暖，海平面上升，暴風雨發生的頻率也會增加。冷與熱交界的地帶常常會出現強風，像是噴射氣流，也是中緯度地區孕育低壓的場所。如果這個溫度的差異消失了，歐洲西北部的氣候將會變得很不一樣，實際上許多潛在的衝擊依然是未知數。

冰雪圈持續快速地消退，將導致所謂的正回饋循環（positive feedback loop），簡單地說就是一個系統（例如北極冰帽）一旦出現了某種變化，這個變化本身會加速此一變化的進行，一旦到達一個臨界點，該系統就再也無法恢復原貌了。當極地冰雪覆蓋面積開始減少，地表吸收的太陽輻射就會增加，接下來氣溫就會升高，導致更多的冰雪融化。正回饋循

環一旦到達了「臨界點」，系統就會產生根本性的變化，例如物種的滅絕，就是一種永遠無法逆轉的變化。許多科學家認為冰雪的消退將到達一個類似的臨界點，有些人則認為我們已經處於該臨界點了。

冰河正在消失中嗎？

地球上約有 10％的陸地面積被冰河覆蓋，且約有 75％的淡水以冰雪的形式存在。冰河在正常狀態下會因季節交替而消長，秋冬新的降雪不斷補充春夏融化的冰，看似靜止，然而冰河的變動自有其節奏。冰河出現在世界許多角落，如肯亞的吉力馬扎羅山、冰島白雪皚皚的火山。高山累積的冰雪慢慢形成山岳冰河，重力將厚重的冰緩緩推向海濱或峽灣。如同北極的海冰，冰河對地球的反照率也有重要的影響。此外，春季和夏季的季節性冰河融化，對許多脆弱的動植物生態提供了重要的水源，尤其是山區。

2019 年 4 月，《自然》科學期刊一篇研究報告指出，從 1961 年至 2016 年間，10.6 兆噸的冰已經從全世界 1 萬 9,000 多條冰河中消失，足以將美國 48 州（除了阿拉斯加及夏威夷）覆蓋在 1.2 公尺的厚冰之下。該報導認為目前海平面正在上升，有 30％是由於這數十年間冰河持續融化所造成的。同年另一篇獨立研究報告發表於學術期刊《冰雪圈》（The Cryosphere），則指出全世界 19 個冰河區當中，有 18 個在逐年消退中。

儘管許多預測都是根據目前與過去冰雪圈的紀錄以及全球

氣溫上升的趨勢，但是愈來愈多的證據顯示冰雪圈正在快速地消失中。玻利維亞位於查卡塔雅（Chacaltaya）的滑雪勝地因冰河在過去 20 年間不斷地退卻，最終無雪可滑，而在 2009 年關門大吉。隨著冰雪的消失，世界上很多相關的事物都會跟著一起消逝。

為什麼平流層的 極地漩渦如此重要？

　　平流層位於對流層之上。對流層位於大氣層的最底層，天氣活動主要發生於此，溫度在對流層中會隨高度而遞減。相反地，平流層底部的溫度極低，但溫度會隨著高度而遞增，其部分原因是紫外線輻射以及臭氧層的存在。

　　平流層極地漩渦（Stratospheric Polar Vortex，簡稱 SPV）是發生在平流層中極為快速的風，其高度可遠離地表 50 公里之遙。這股氣流在冬天環繞著北極並依逆時針方向旋轉（一個類似的高空低壓系統也會在南半球的冬天出現）。當北半球秋冬氣溫變冷之際，平流層風速逐漸加快，同時逆時針漩渦逐漸成形。極地漩渦形成的主因，是極地與中緯度地區大規模的溫度差異所致。這個溫差在冬天最為明顯，當冬天來臨，日照逐漸遠離極區，氣溫開始下降，極地漩渦的強度便逐漸增加；反之當春天來臨，極地的溫度回升，極地漩渦就會慢慢消失。

　　在某些年分，中緯度高空噴射氣流風會干擾平流層的極地

漩渦，減弱甚至破壞原本封閉的冬季渦流結構。極端的狀況下，被削弱的漩渦甚至會以相反的方向旋轉。在正常情況下，極地漩渦會將極地冷空氣侷限在原地，但是當極地漩渦減弱時，平流層極冷的空氣就有機會下沉並被壓縮，此時便會發生所謂的平流層驟暖（Sudden Stratospheric Warming）。一旦發生，其後幾週內會廣泛地衝擊中緯度地區的天氣。

　　英國一向以暖冬著稱，冬季寒流並不多見。這是因為一系列的低壓受強大噴射氣流的推動導引，橫跨大西洋上空從西向東或東北移動，將溫暖的空氣自海洋帶向陸地，我們稱此設置爲移動情景。在冬季，當極地漩渦減弱，或平流層驟暖等極端事件發生時，噴射氣流便會弱化，從而擾亂了正常的天氣型態，以東北東風爲主的歐洲大陸寒冷氣團將直奔英國，進而取代了從西邊北大西洋過來的溫暖氣團。

　　英國是一個四面環海的島國，有數百英里的海岸線。北海的寬度雖然不大，但是來自東方或東北方的冷氣團仍然能夠吸收足夠的水氣。一旦冷氣團抵達比較低溫的陸地時，便會形成雨雪，有時這會導致全英國發生嚴重的降雪事件。

　　在 2018 年 2 月底 3 月初，英國爆發的一股寒潮，新聞界稱其爲「東方猛獸」，就是一個極端的例子，說明幾週前突然發生的平流層驟暖事件在北歐和西歐的地表所造成的影響。發生在 2018 年 1 月的平流層驟暖事件，減弱了噴射氣流的速度與強度，平常來自大西洋較溫暖潮溼的西風變弱消失了，開始轉爲東風。歐洲大陸大部分區域溫度持續下降，盤踞在斯堪地那維亞半島上空的高壓，將北方大陸的冷氣團吹向英國，冰冷的北風或東北風帶給全英國持續的低溫。

　　大雪隨後從東部滲透到英國。當來自歐陸的冷氣團跨過北海時，吸收了巨量水氣，為英國帶來大量降雪，造成許多災害與不便。幾天後，在英國南方海上形成的艾瑪風暴（Storm Emma）向北移動，登陸後遇上了北方的冷氣團。降雨轉成冰凍的雨雪，且由於陣風持續而導致暴風雪。

　　平流層驟暖並非總是按牌理出牌，發生時並不一定會為英國與歐洲帶來嚴寒的冬天。2016 年平流層驟暖發生在北極上空 50 公里處，但是對地表附近的天氣並沒有造成明顯的影響，這是因為其他的大氣條件抵銷了平流層驟暖的效應。嚴寒的冬天也並不一定是平流層驟暖所造成的，1987 年 1 月，一場持續一週的暴風雪為英國帶來嚴寒的天氣，但這是位於斯堪地那維亞上空強大滯留高壓的阻塞，將西伯利亞的冷氣團推向英國的結果。

　　平流層驟暖也可能在南半球發生，只不過每年發生的機率只有 4％（相對於北半球的 50％），主要的原因是南半球噴射氣流的路徑沿緯度方向的變化較少，缺乏高峰與低谷，因此對平流層極地漩渦的干擾較低。在過去 60 年間，整個南半球只發生過兩次平流層驟暖事件，分別在 2007 年與 2019 年。當平流層驟暖真的發生於冬末時，南美巴塔哥尼亞、紐西蘭和澳洲南部暴風形成的機率將增加，但是澳洲東部卻會因為西風增強而變得乾熱。

　　天氣模式是如此彼此糾結、相互影響，發生在遙遠地方的天氣事件，即使遠在對流層之上，都可能對地表產生明顯的衝擊，進而直接改變天氣的形成過程。

什麼是印度洋季風？

季風（monsoon）這個字源自於阿拉伯語「Mausam」，意思是「季節」。季風是指風向從東北方轉變至西南方，溫暖而水氣豐沛的溼潤西南風為印度次大陸帶來大量的降雨。

當春天來臨，日照強度日漸增強，地表氣溫逐漸上升，印度及巴基斯坦的氣溫可以達到 40℃ 甚至 50℃。地表日漸乾枯，河川只剩下涓滴細流，地下水位下降，空氣乾燥、塵土飛揚，大地渴望雨水的滋潤。西南季風的來臨彷彿帶給上百萬人新的生命。每年 6 月前後幾週內，季風帶來的雨水使河川、湖泊的水位回升，降雨洗淨了汙濁的空氣，也舒緩了炙熱的高溫。它是由簡單卻強大的機制驅動，風向之所以改變，主要是因為此時強烈的日照使得陸地的溫度遠高於周圍的海洋，剛好和冬天相反。陸地與海洋溫度（20℃）明顯的差距，造就了從南到北空氣流動所需要的壓力梯度。當熱空氣從地表上升，周圍海洋的空氣便湧進來填補，熱量與水氣組合產生了大量的雨雲。

春分之後，太陽直射的方向逐漸往赤道以北移動，改變了全球氣壓與風向的分布。我們可以用間熱帶輻合帶（Intertropical Convergence Zone，簡稱 ITCZ）來解釋這個現象，這是形成於地球赤道附近的氣候帶，挾帶豐富水氣的風在此輻合，生成大量的雷陣雨。間熱帶輻合帶在北半球的春夏季節向北移動，這是印度次大陸在這段時間內大量降雨的原因。

天氣的轉變幾乎像時鐘般準確，約在每年 5 月下旬至 6 月上旬之間一週內，從印度南部向東延伸，跨過孟加拉灣直到緬

甸與孟加拉沿線地區，會開始降下滂沱大雨，同時閃電交加，大氣中水氣之豐沛，雨勢彷彿傾盆而下。隨著季節變化，這一條降雨線會逐漸向北移動，到 7 月之際會抵達巴基斯坦與喜馬拉雅山脈的山腳下。太陽的強度與風向的改變固然是印度次大陸季風現象的主要推手，但該地區特殊的地形也有決定性的影響。喜馬拉雅山脈如同一道高大的屏障，阻止季風繼續往北前進，如果沒有這道山脈阻擋，此季風將可以到達更北的西藏、阿富汗以及俄羅斯。季風帶來的大雨紓解了大地的乾旱，植物復甦，百花重新綻放，該地區的居民也再次慶祝一個新的生長季來臨。

　　許多地區在乾季幾乎沒有什麼降雨，因此這段 6 週至 3 個月的季風雨對當地而言極其重要。河川重新開始流動，生命逐漸復甦，水庫的蓄水量漸漸回升，提供了未來 8 個月的用水。農業活動依賴這短暫的雨季，米、茶葉、畜牧產業都因為每年反覆發生的西南季風才得以生存。

　　水力發電也需要依賴降雨帶來充沛穩定的水流，因此印度和附近國家的能源以及經濟活動都依靠每年夏天的季風雨，有些人甚至開玩笑形容說西南季風才是「印度真正的財政部長」。然而，影響雨量的因素很多，大規模降雨其實處於一種危險的平衡狀態下，在某些年分，一些微小的變動都可能讓慶祝變成了災難。過量的降雨將淹沒城鎮，奪去生命並摧毀農地。2018 年的季風雨對大部分地區都一如往年，但是在印度西部的科萊拉州（Kerala），超級暴雨卻帶來了百年來最嚴重的洪災。反之，如果降雨不足，農作物勢必會歉收，食物與發電的成本都將升高，進而影響人民的生計。

破紀錄的降雨：
世界上最潮溼的地方

　　大吉嶺（Darjeeling）與西隆（Shillong）附近地區是世界上最潮溼的地方，籠罩在印度此區鬱鬱蔥蔥的翠綠森林和充滿活力的河川與瀑布，恰好與濃密懾人的雨雲形成強烈的對比。即使在最乾燥的 12 月及 1 月，每月平均雨量也能達到 60 毫米。在這裡有兩個地方維持了世界最多年雨量的紀錄，毛辛拉姆（Mawsynram） 以及附近的乞拉朋吉（Cherrapunji）年降雨量都接近 1 萬 2,000 毫米。

　　這兩個地方都位於海拔 1,200 公尺的高地，來自孟加拉灣的盛行風挾帶了大量的水氣，溼潤的空氣沿著山勢地形開始上升，空氣中的水氣逐漸凝結成雲後降雨。海拔高度是造就此區特殊氣候的原因之一，另一主因便是季風。這一帶地區已經是西南季風可達的極限，北方的喜馬拉雅山脈阻擋了季風繼續往北深入內陸，豪雨在這裡司空見慣，這樣的天氣可以長達 6 個月之久。

　　世界上還有其他若干地方具有明顯的季風氣候，均分布於熱帶地區。其降雨的強度、地理分布、型態與季節分布都各有特色，主要的決定因素是陸地與海洋的相對位置所造成的溫度梯度，及其伴隨而來的壓力梯度。

為什麼沙漠這麼重要？

　　地球上有許多乾燥或溼潤的地區，我們稱這些不同的氣候區為生物群系（biomes）。陸地面積大約有 1/5 是沙漠，沙漠地區大多人煙稀少，世界人口約有 1/6 住在沙漠裡。沙漠的定義是指一個地區的年降水量（包括雨、雪等不同形式的降水）少於 250 毫米，不過更重要的是，水分流失的速率才是造成沙漠景觀的主因：荒涼、乾燥，缺乏生物多樣性（相較於雨林氣候）。沙漠並非不下雨，只是下雨的時機難以捉摸，有時候可以長達幾個月，甚至幾年都不下雨。此外蒸發與蒸散作用一般都比較旺盛，因此降雨後地表的積水通常很快就會消失，植物也會快速釋出已吸收的水分。蒸發量與降雨量的比例可以從 2：1 乃至 33：1，這就是為什麼植物在沙漠中難以生存、動物如此稀少的緣故。

沙漠在全球大氣循環中的角色

　　沙漠永遠都存在。根據大氣循環模式，大氣流動將熱量從熱帶帶往極地，儘管有些微小的差異，這個模式簡單描繪了大氣全球空氣流動，從赤道上升向兩極移動，下降後再返回赤道。赤道是地表太陽輻射最強的地區，也就是我們所說的熱帶，在此熱空氣快速地上升形成雲之後降雨。當熱空氣爬升到對流層（大氣層製造天氣的地方）的頂端，開始向南北方擴散，最終再下降回地表。下沉的空氣乾而熱，不利雲的生成，

因此下沉氣流旺盛的地帶容易出現沙漠。最靠近赤道的大氣環流帶，稱為哈德里環流圈（Hadley cell）。由哈德里環流圈向兩極方向還有兩個環流圈，費雷爾環流圈（Ferrel cell）主宰中緯度地區的天氣，更遠離赤道的第三個環流圈即為極地環流圈（Polar cell）。其實我們已經看到了，大氣環流實際上並非如此一成不變，整個大氣體系也複雜得多，大氣不斷地與海洋或更高的對流層發生互動。但這個模式能幫助我們理解，為什麼地球上沙漠最多的地區出現在赤道南北緯 $20°\sim30°$ 之間。

　　這些出現在赤道兩側的沙漠一般稱為副熱帶沙漠。高溫炎熱，植被由草原漸變為莽原到荒漠，典型的例子如北非的撒哈拉沙漠。

　　沙漠也常出現在寒流經過的海岸地帶，例如位於南緯 $24°$ 西非海岸的納米布（Namib）沙漠即為一例。此地盛行的東南信風驅動著南大西洋環流的本吉拉寒流（Benguela），從南非的最南端北上，經過納米比亞的沿海地帶，沿岸的湧升流將深海極為冰冷的海水推向海面。

　　阿塔卡馬沙漠也是另一個例子，寒伯特寒流流經南太平洋西岸，同樣造成沿岸的湧升流。該沙漠是世界上最乾燥的地區，年雨量低於 1 毫米。另外一個造成雨量這麼低的原因是此地位於安地斯山脈與智利海岸山脈的雨影之中，來自兩側的盛行風，在越過山脈前已經將水氣釋放殆盡，因此在到達沙漠前早已乾燥無比。

　　南極大陸面積約 1,380 萬平方公里，人們喻為「冰雪之鄉」，但實際上南極卻是個沙漠。這是因為南極內陸的年雨量還不及 51 毫米，在這一片偌大陸地的某些地區甚至更為乾

燥。麥克默多乾谷（McMurdo Dry Valley）是世界上最乾燥也最不適合人類居住的地方，科學家甚至把這個乾燥寒冷的荒漠地帶與火星相提並論。麥克默多乾谷位置靠近羅斯海（Ross Sea），在羅斯海與南極冰架東側之間，有一系列平行的谷地，因為地表缺乏冰雪覆蓋而呈暗黑色，在衛星照片上可以輕易地辨認出，這些谷地位於 1 英里高的橫貫南極山脈（Transantarctic Mountains）的雨影之中。寒冷乾燥的風從高山吹向海邊，是下降風（katabatic wind）的一種，速度可達每小時 200 英里，使得冰雪難以在谷地中累積。

以面積而論，排名在南極之後的是位於北非的撒哈拉沙漠，面積約為 900 萬平方公里。撒哈拉沙漠並非一望無際的沙地，而有稀疏的植被，靠近地中海的部分更有樹林與灌木。沙漠南部主要是熱帶莽原，季節雨偶爾會將地表鋪蓋上綠色的植被。撒哈拉沙漠位於幾乎是永久性的高壓之下，因此雨雲很難形成。

與熱帶雨林相比，沙漠艱苦環境固然不適合物種的生存，但是沙漠對全球生態多樣性仍然具有重要的貢獻。沙漠生態體系中的物種在別種環境中都不存在，這當然肇因於沙漠獨特的環境。例如撒哈拉沙漠每年有超過 3,600 小時的強烈日照，以及 86％ 的日照時間，幾乎保證的日照提供了良好的機會開發這項自然資源。

撒哈拉沙漠廣泛的影響

很少人注意到沙漠其實不是一個與外界隔絕的地方，沙漠對天氣的影響，即使不是非常明顯，但依然無遠弗屆。

當撒哈拉沙漠起風的時候，捲起了漫天的沙塵。強風與垂直的對流作用（不穩定氣流上升）可以將沙塵帶到高空。根據高空的風向，沙塵可以被帶到世界任何一個角落，但一般而言盛行的東風將沙塵吹往大西洋的彼岸。科學家利用雷射光束觀測橫越大西洋的沙塵，想試圖解答沙塵對於雨林的影響。根據觀測的數據顯示，每年約有 2,700 萬噸的沙塵從撒哈拉沙漠遠征到亞馬遜雨林，沙塵中的磷可以彌補亞馬遜盆地長年被大雨沖刷帶走的磷，而且受到影響的地區還不僅亞馬遜盆地，證據顯示約有 4,300 萬噸沙塵被帶往更東北邊的加勒比海以及更遠的地區，滋潤了當地生態需求。

此外，有更多國際機構的研究顯示，沙塵為亞馬遜盆地帶來相當分量的養分。全世界約 1,000 萬的物種當中，推測有超過一半以上的物種以亞馬遜熱帶雨林為家。全世界的淡水有 1/5 在此，亞馬遜雨林更提供了世界 20％的氧氣。千里之外的沙漠，竟然能提供亞馬遜雨林生存必要的養分，從這個例子讓我們看見，地球的自然體系如何透過互動來維持一個截然不同的生態環境。

熱帶雨林如何影響世界天氣？

　　熱帶雨林有著濃密的森林，富饒廣泛的生物多樣性，以及豐沛的降雨。這是叢林疆土，雨林的總面積大約只占全球的 6％，但是全世界的動植物約有 50％居住在這個叢林地帶。熱帶雨林的年平均降雨量在 2,500 ～ 4,500 毫米之間，長年高溫而溼潤，全世界約有一半以上的熱帶或溫帶雨林符合這個模式，其中又以熱帶雨林為主。以地理分布而言，超過 50％的雨林出現在中南美洲，僅巴西一地就占有世界熱帶雨林的 1/3。此外在澳洲、亞洲，以及非洲的一小部分也都有熱帶雨林。簡單扼要地說，雨林是驅動全球氣候的心臟，扮演控制地下水層的重要角色，每年釋放出數以百萬計的水蒸氣進入大氣層，以養分與礦物質淨化地下水，吸收並製造大量的二氧化碳與氧氣，對全球大氣的影響無法估量。雨林在全球水循環也扮演了關鍵的角色，水的狀態不斷地改變，可能被禁錮在冰裡，也可能在河川、溪流或湖泊中流動，還可能以水蒸氣的形式留存在大氣中。水蒸氣是最主要的溫室氣體（約占所有溫室氣體的 90％），它可以凝結成雲，隨著大氣環流周遊世界，在此過程中不斷地吸收來自海洋與陸地的熱能。透過這個連續不斷的循環，地球上的能量與水資源得以重新分配。

　　除了海洋、河川和湖畔以外，植物是大氣層另外一個水蒸氣主要的來源，植物從根部吸收的水分，大部分會從植物的表面，例如枝葉、莖花等部位蒸發到大氣中，這便是所謂的蒸散作用（transpiration，或稱蒸騰作用）。而蒸散作用也具有淨

化水質的功能。

　　熱帶或溫帶雨林的降雨，超過 50％ 會通過蒸散作用返回到大氣中（濃密的森林甚至可達 75％）。有趣的是，這些水蒸氣大部分會以降雨的形式重新返回雨林，這是大自然確保雨林能夠得到足夠水源的方式。雨林產生了全世界 15％～20％ 水蒸氣，而更重要的是，全球陸地降雨約 65％ 來自雨林生成的水蒸氣。這些與雨林有關的數據，充分說明了該生態系統對地球生命的生存有多麼地重要。砍伐森林會減少大氣中水蒸氣的含量，從而減少雲的形成與降雨的機率。蒸散作用需要消耗能量來產生水蒸氣，因此可讓雨林溫度維持在恆常穩定的狀態。減少森林的覆蓋將增加土壤的流失，對生物多樣性造成負面影響，同時致使溫差加劇，導致極端高溫出現的機會也會增加。森林的消失不僅對於當地的生態環境有不利的影響，還有可能造成更大範圍的環境衝擊。

高山對大氣環流會有影響嗎？

　　空氣流動過程中所遭遇的任何阻礙，都將改變空氣的動態性質，包括風向與風速、溼度與溫度。陸地上有許多高大的山脈，如喜馬拉雅山脈、洛磯山脈、阿爾卑斯山脈與安第斯山脈等。這些山脈對於當地的氣候，甚至全球尺度的大氣循環都有深遠的影響。安第斯山脈是世界上最長的山脈之一，南北縱貫整個南美洲，長達 7,000 公里，就像一座高大的屏風阻隔了西側的太平洋與東側的南美大陸。它直接造就了東部溼潤的氣候以及西部乾燥的阿塔卡馬沙漠。如同世界上其他高大的山脈，

安第斯山脈山頂的積雪增加了全球平均反照率（反射而非吸收日照），對於冷卻大氣溫度有一定的影響。在安第斯山脈的東側，陡升的地勢形成了大量的降雨，孕育了亞馬遜雨林豐富的物種，亞馬遜雨林同時也扮演了調節全球二氧化碳與水蒸氣的重要角色。

　　喜馬拉雅山脈對於亞洲的氣候也有重要的影響。世界上8,000 公尺以上的山峰有 10 座位於喜馬拉雅山區。其南部是印度次大陸，季風雨集中於夏季那幾個月分。喜馬拉雅山脈的位置不僅使該地區能夠收受不可或缺的大量雨水，而且還阻擋了北方西伯利亞冷風向南滲透，使得山脈以南的印度得以維持暖和的熱帶氣候。喜馬拉雅山脈也對周圍的地區提供了重要的水源。然而，與其他大型山區一樣，此山脈的屹立能夠干擾甚至改變大尺度對流層的大氣環流。當強風吹過山峰，背風坡的天氣會受到很明顯的影響。縱貫北美洲西部的洛磯山脈由於其南北走向，導致盛行風向也沿著南北移動（受到地球自轉影響，北半球的盛行風系風向通常偏西），使北方的冷空氣得以南下美國南部各州，南方的熱浪也能深入加拿大。洛磯山區乾風和冷風交會也有助於龍捲風在所謂的龍捲風巷（Tornado Alley）形成，即使在美國東部甚至歐洲，都能感受到洛磯山脈對大尺度風向的作用。有時在美國中西部發展的天氣系統，幾天之後就能影響到西歐的天氣（當然越過大西洋之後，天氣的性質會有所改變）。就像其他的地形、山脈的位置、形狀還有高度都會對大氣產生不同的影響。

山區的天氣有什麼不同？

　　山區的天氣可以有很大的變化，有時比較冷、風比較強、比較多雨、暴風雪帶來冰天雪地；但也可能是暖和乾燥、陽光普照的天氣。山上的天氣瞬息萬變，了解高處的天氣甚至生死攸關。在理想的狀況下，有時候即使是冬天，向陽的山坡天氣也可能跟溫暖的夏天一樣。

當空氣越過山巔時會有什麼變化？

　　山會阻斷風的前進。當風遇到山的時候會開始向上移動，而空氣開始上升，空氣的性質就會產生變化，氣溫逐步下降，水氣開始凝結，雲逐漸形成，雨也慢慢的地落下。這樣的雨一般稱為地形雨，這只是事件的前半段，當空氣越過山巔之後，空氣的性質會起很大的變化，山的兩側天氣也可能截然不同。根據風向，一座山有面向盛行風的迎風坡，以及背向盛行風的背風坡。迎風坡的天氣跟背風坡可能有很大的不同，雖然不一定總是如此。

　　盛行風對迎風坡會造成極大的影響。上坡的地形會迫使空氣上升，上升的空氣會快速地冷卻，空氣中的水蒸氣開始凝結成雲，這種雲通常很靠近地面，我們可以感覺到空氣中像霧一般的水氣，但有時候真的會下起雨來，我們稱之為地形雨。迎風坡一般會比較溼潤，因此雖然經常刮風，太陽也常常幾天不露面，植物還是比較茂密的。

　　隨著海拔高度的上升，不僅更溼潤多雨，溫度也逐漸下降，當溫度降到 0℃ 以下，雨就會變成雪。這個雨雪交界的高度，一般稱為雪線（snow line）或結冰高度（freezing level）。當天氣逐漸惡化，疾風驟雨轉變成暴風雪，能見度與溫度急遽下降，此時如果仍逗留在戶外將是非常危險的事。當流動的空氣終於翻過山頂，從山的背面開始下降，這時候空氣已經失去大部分的水分，沿著山坡下沉的空氣產生了額外的壓力。當空氣受壓，溫度就會開始上升，因此背風坡下沉的風會逐漸變暖，這聽起來好像很瘋狂，但這就是所謂的焚風（Foehn wind）或焚風效應。

　　當空氣沿著山坡向下流動，溫度開始上升，溼度下降；這個現象在不同的地區有不一樣的名稱，在北美的洛磯山區被稱為奇諾克風（Chinook）。焚風效應也是雨影產生的原因，亦即在山的背風地帶缺乏降雨的現象。雨影現象在世界上造成了許多極度乾燥的地區，例如在南美的安地斯山脈阻撓了盛行的東風，當風越過山脈已經變得乾燥無比，因此山的背風坡形成了阿塔卡馬沙漠。我們可以用一個例子來說明山脈對空氣溫度產生的巨大影響：假設有一座 3,000 公尺（1 萬英呎）的山，空氣在開始爬升之前的溫度是 18℃，當氣團越過山巔達到另一側的平地時，溫度將升高到 26℃。

　　風在地表附近因摩擦力所以流速較慢，海面的摩擦力較小，但是仍然存在。在高空，風不再受到摩擦力的束縛，因此流動比地表快。當高空的風撞擊到山的時候，會發生反彈，如果地形相當崎嶇，風的方向將變得雜亂無章，同時也會出現高速的陣風。如果此時空氣穩定度較低，並有上升的傾向，可能

產生更劇烈的天氣，有時候山頂的風速甚至可以比平地強兩三倍以上。

　　不僅是不穩定的空氣（有上升傾向的空氣）會產生快速的陣風，即使是相對穩定的氣團，以水平的方向撞上山峰時，在背風坡也會產生漩渦狀的氣流。此時風速或許會顯著地增加，進而導致瞬間的強風，稱為背風陣性，可能對低空飛行的飛機造成致命的影響。有時候我們可以看到在山的背風坡產生形如漩渦狀的雲，這表示高空正發生劇烈的陣風。

山上為什麼比較冷？

　　一般而言，高度每增加 100 ～ 150 公尺，溫度就會下降 1℃，原因包括：

- 平地所得到的日照強度比較高（太陽角度比較高），因此地表的輻射熱也比較高。
- 空氣壓力隨著高度增加而降低，壓力低導致空氣體積增加，空氣溫度就會下降（反之空氣受到壓縮時，溫度會升高）。
- 高空風速一般較高，空氣混合的機會增加，通常導致熱的分散。

　　雖然爬得愈高，感覺愈冷，但是在山上被曬傷的機會卻大得多。為什麼呢？那是因為紫外線的強度會隨著高度增加。當天氣晴朗時，在山頂皮膚被灼傷所需的時間比在山下要來得短，因為高度愈高空氣愈稀薄，紫外線更容易穿透空氣。反

之，地表附近的空氣密度最大，能保護我們不受到紫外線的過度傷害，這對於數百萬生活在海平面等高處的人們來說是個好消息。

地球上什麼地方天氣最極端？

沙漠、雨林還有高山都可能發生極端的天氣狀況。

以下是到 2019 年為止地球上記錄到的極端天氣狀況：

最熱的地方：

1913年7月10日，56.7℃ 的高溫，出現在莫哈維（Mohave）沙漠死亡谷（Death Valley）的火爐溪（Furnace Creek）。

最冷的地方：

南極高原的沃斯托克站（Vostok Station）溫度低至零下89.2℃。

年降雨最高的地方：

2萬6,470毫米是印度位於喜馬拉雅山脈南麓梅加拉亞邦（Meghalaya）的乞拉朋吉從1850年至1861年的降雨量。

最乾燥的地方：

南極的麥克默多乾谷（McMurdo Dry Valley），年降雨量為0毫米。

最乾燥卻有居民的地方：

位於智利阿塔卡馬沙漠的阿里卡（Arica），平均年降雨量為0.76毫米。

歡迎來到噴射氣流的世界

任何氣象預報的從業人員都不能忽略噴射氣流，分析噴射氣流的位置、形狀、強度可以提供大量可用於預測地表天氣的資訊。噴射氣流是在大氣高層快速蜿蜒流動的空氣，乍看之下，發生在對流層頂的高速氣流與地表天氣的關聯或許不是這麼明顯，但是噴射氣流可能造成極地寒流的南侵，也是許多熱浪背後的元兇。我們必須了解為什麼發生在地表上空 8 英里高處的風，會對地表天氣有如此大的影響？

蜿蜒於大西洋上空的噴射氣流連結了北美與歐洲高空的空氣，但這只是環繞全球中緯度地帶高空噴射氣流的一環，這些中緯度高空噴射氣流被統稱為羅斯貝波（Rossby Waves）。如果我們在太空中從北極上方俯瞰地球，這些波狀的環形氣流就像北半球頭頂的冠冕，噴射氣流波動的幅度經常發生變化，波動小的時候，環繞的方向大致與緯度平行，流動的方向則是自西向東。噴射氣流發生在極地氣團與熱帶氣團交界的地方，北半球中緯度上空的噴射氣流正式的名稱是極地噴射氣流（Polar Jet Stream）。極地南下的冷空氣與熱帶北上的暖空氣在中緯度相遇，但是由於噴射氣流波動的特性，冷空氣可能南下，暖空氣也可能北上。

噴射氣流的核心流速通常是最快的，特別是噴射氣流大致沿著直線流動（沒有明顯的波鋒與波谷）時，在噴射氣流的北方空氣溫度較冷，南方則溫度較暖。噴射氣流的位置提供天氣預報時一個很好的線索，我們可以知道冷氣團與暖氣團的位

置。冷暖氣團溫度梯度愈大，噴射氣流就愈強，對地表天氣的影響也就愈大。

冷熱氣團兩者之間的溫度梯度愈大，產生的壓力梯度也就愈大。為什麼呢？因為冷空氣比暖空氣重，產生的壓力較大，在同樣體積的氣團中，冷氣團內部的空氣壓力隨高度下降的速度會比暖氣團快。也就是說，在冷氣團內部的氣壓變化會比暖氣團來得快。

冷氣團和暖氣團被噴射氣流隔開，其界線十分明顯。我們知道空氣會從量多的地方流向量少的地方（或說從高壓流向低壓），但是由於地球的自轉，空氣從高壓流向低壓的路徑不會是一條直線，空氣向低壓前進時會受到科氏力的影響而偏轉。這意味著噴射氣流移動的方向大致上會沿著溫度梯度，但是噴射氣流通常不會直線前進而是多少有些蜿蜒曲折。

在冬季，極地與熱帶的溫度梯度比夏季大得多，這是因為冬季北極進入永夜而溫度驟降，但是熱帶在一年當中溫度差異不大所致。噴射氣流在冬季強度達到最高，同樣地，壓力梯度也達到最大值。這對於地表的氣壓分布，從而對風、降雨以及風暴都會產生影響，特別是地表低氣壓的形狀、強度與位置。許多低氣壓在海面生成，噴射氣流會驅動或引導低壓的移動。當噴射氣流較強的時候，噴射氣流的流動傾向於平行緯度，自西向東以帶狀或直線進行，此時天氣系統較少蜿蜒移動，因此速度也會比較快。反之當噴射氣流蜿蜒較多時，天氣系統移動也會比較慢。當噴射氣流的位置靠近陸地，例如英國，該地方就會產生較長時間刮風下雨的天氣。

2013 年及 2014 年的冬天，噴射氣流剛好位於英國的上空，

導致低壓系統接二連三地從英國通過。來自海洋的氣團帶來了
溫和的氣溫，但是許多地方都創下了降雨的紀錄，同時造成多
處的洪水氾濫，特別是薩默塞特地區（Somerest Levels），此
外頻繁的暴風雨也造成許多風災。

　　如果噴射氣流位於英國上空，英國多半是連續風雨交加的
天氣；若噴射氣流在英國的北方，南方的暖氣團就會帶來比較
溫暖的天氣，特別是在夏天，高溫且乾燥的天氣將成為常態，
大部分的雨會移動到北方的冰島地區；倘若噴射氣流在英國的
南方，北方的冷空氣就會帶來寒冷的天氣，特別是在冬天，冰
雪或降霜的天氣將成為常態。

噴射氣流的形狀如何影響天氣？

　　噴射氣流的形狀決定了高低壓的位置，以及天氣系統移動
的速度是否會被推進或受阻。我們可以想像在水管中快速流動
的水，當水從水管末端的噴頭離開水管時，會向四面八方分
散，這是因為水從水管內部的高壓狀態進入水管外面的低壓狀
態所致。在噴射氣流內也有類似的現象，當空氣從噴射氣流的
核心向外分散時，噴射氣流會從下方的大氣補充空氣，此一過
程造成下方的空氣快速地上升，而產生了雲、雨以及強風。

　　當低空的空氣被吸進噴射氣流後，空氣將會加速前進，將
致使高空的空氣量減少，造成低壓在地表附近的低空形成。其
他動態現象也在起作用，如渦度（vorticity）是另一個影響低
壓強度的因素，渦度的強度取決於風速與風向隨高度變化的程
度。當渦度大時，低壓強度亦隨之增大，地表的天氣也會更加

惡化。我們由此得知，高空大氣與低空大氣互動造成壓力與溫度分布的差異，為氣象系統注入能量而對天氣造成顯著影響。

什麼是低壓槽與高壓脊（Ridges）？

低壓槽（Troughs）是當北方的氣團南下所產生的低壓系統。當噴射氣流作南北向的 U 型波動時，地表的空氣將快速上升，產生了雲與雨。因此噴射氣流的形狀可以清楚地告訴我們低壓即將成形的位置。噴射氣流倒 U 字型的脊，則是高壓發生的位置，常伴隨著晴朗的好天氣。

當噴射氣流有許多扭曲或波動時，天氣系統的移動會變得較緩慢。這就像老年期的河流，當河道中出現頑固的石頭或沉積物，河水的流動就會從直線變為彎曲，有時候甚至會分叉成若干條細流。當噴射氣流蜿蜒時，流速同樣將減緩，天氣也比較容易出現滯留的狀態。在英國的夏天，如果高壓滯留不去時，常帶來持續的熱浪。反之，當低壓受到下游高壓的阻塞，因而無法移動時，就會帶來連綿不絕的陰雨天氣。

世界上其他地區的天氣也會受到噴射氣流的影響，特別是北美與日本。噴射氣流帶來的溫和氣候提供了這些地區廣大人口舒適的生活條件。由於噴射氣流，這些中緯度地帶一年之中少有持續的熱浪或寒流，降雨量適中，卻很少出現熱帶地區常見的暴雨，日照與雲的比例平衡，一年四季變化明顯，植被茂密、土壤肥沃。這都歸功於噴射氣流造成經常性的天氣變化，將海洋溫和溼潤的空氣帶往陸地，使得冬季的溫度不至於太低，夏天的溫度不至於太高。只有在大尺度的氣壓系統滯留不動時，才會出現比較極端的天氣。

💡什麼是天氣炸彈？

乍聽之下，你可能以為天氣炸彈是政府或一些組織透過某些方法，將天氣收為己用，好比說將颶風或龍捲風做成炸彈，投射到敵對陣營。我們的確有可能利用颶風或閃電來發電，但是將天氣現象做成炸彈還是很離譜的想法！然而什麼是天氣炸彈（Weather Bomb）呢？氣象學上較正式的名稱是爆發性旋生（explosive cyclogensis），也許能為你提供多一點線索。

你應該已經知道什麼是熱帶氣旋了，那是發生在熱帶地區可能造成災害的天氣系統，颶風（hurricane）與颱風（typhoon）只不過是兩種不同的熱帶氣旋。非熱帶氣旋則發生在中緯度地區，雖然成因與熱帶氣旋不同，但空氣沿順時針（北半球）或逆時針（南半球）方向流入低壓中心則無二致。當空氣向低壓中心匯集時，將迫使空氣向上空移動。這些氣旋的生成與增強的過程，我們稱之為旋生（cyclogenesis）。

風暴的誕生

我們先來看看極地周邊的噴射氣流，這是環繞在中緯度高空的帶狀高速氣流。其時速可達每小時 150 ～ 200 英里，高度大約維持在 3 萬～ 4 萬英尺，噴射氣流隔開了極地的冷氣團與低緯度的暖氣團。當噴射氣流發生蜿蜒曲折時，冷暖氣團在地理上的分布就會發生變化。出現在北美與大西洋之間的噴射氣流對英國天氣的影響最大，當噴射氣流出現大規模的南北向

彎曲時，近地表的空氣就會受到擾動，部分地區的空氣開始匯聚，部分則會分散。空氣匯聚的地區是我們氣象預報專家比較感興趣的，當空氣在一處聚集之後，會開始上升，上升的空氣在地表產生了低氣壓，帶來不穩定的天氣。

如果大氣條件配合，局部範圍的低壓可能持續發展，變成所謂中緯度氣旋天氣系統。在氣旋的成熟階段，將伴隨出現冷鋒、暖鋒與囚錮鋒（occluded fronts）。這整個過程從開始形成到成熟階段大約需要 3 ～ 5 天。但是，如果噴射氣流速度夠快，同時又有明顯的曲流，則形成旋生的條件已經成熟。地表空氣將快速上升，造成氣壓快速下降。如果氣壓在 24 小時內下降 24 毫巴，我們即稱之為「爆發性旋生」，也被稱為「天氣炸彈」或「低壓炸彈」。在 24 ～ 48 小時內，可以從風平浪靜快速發展成猛烈的風暴。

爆發性旋生或天氣炸彈並不是什麼時髦的名詞，在氣象預報的領域中已使用了數十年之久，但直到最近才被主流媒體或社群媒體採用。有時候你會在新聞報導或社群媒體上看到「天氣炸彈將帶來世界末日」之類聳人聽聞的標題，但實際上天氣炸彈在中緯度地帶並不是非常罕見，造成的影響通常也就是狂風巨浪與暴雨。但這並不表示我們可以對天氣炸彈掉以輕心，因為天氣炸彈可以在很短的時間內形成，即使有電腦的輔助，追蹤天氣炸彈的形成與移動還是相當不容易。氣象預報通常可以相當確定暴風雨即將來臨，並有潛在強風威脅，但是定期檢查預報很重要，因為最惡劣天氣的發生地點和時間可能隨時會發生變化。

2017 年 2 月，天氣炸彈侵襲英國，形成暴風桃樂絲

（Doris），造成一名婦女的死亡，以及另外兩名民眾的重傷。在北威爾斯高地，風速高達每小時 94 英里，即使在平地，陣風也達每小時 60～76 英里，造成數千戶停電，全國的交通也大受影響。

另外一個惡名昭彰的天氣炸彈發生在 1987 年，當時用電腦預測天氣不如今日來得準確，因此未能即時發布天氣警報。風暴帶來高達每小時 100 英里的陣風，造成 18 人死亡，至少有 1,500 萬棵樹被吹倒。

💡 赤道無風帶在何處？

赤道無風帶（Doldrums）一般泛指赤道附近經常處於平靜無風的海洋地帶，即使偶爾發生猛烈的風暴，亦缺乏持續的盛行風，其範圍大致涵蓋赤道南北 5°。早期的航海人對赤道無風帶充滿了畏懼感，靠風力推動的帆船一旦身陷無風帶，其結果不僅僅是延誤航行，更可能永遠無法脫身，《古航海人詩篇》（The Rime of the Ancient Mariner）就記載了許多關於赤道無風帶的驚悚故事。

大海之上的天氣總是非常極端，由於海面的摩擦力較低，風力通常更強。赤道附近溫暖的海域時常產生旺盛的對流，帶來猛烈的雷雨、閃電、冰雹和強風。但是赤道無風帶是個截然不同的天氣現象，缺乏恆定的風向或洋流，進入其中的航行船隻往往動彈不得，空氣流動的方向則是垂直多於水平；然而熱

帶的空氣飽含水氣也充滿了能量，風平浪靜的天氣可以在短時間內轉變成雷電交加的暴風雨，受困的船隻不但無法前進，同時招致更多的損害。

　　赤道無風帶其實是間熱帶輻合帶（Intertropical Convergence Zone，ITCZ）的一部分，這是一個環繞全球熱帶地區的氣候帶。想要了解赤道無風帶，我們必須先了解間熱帶輻合帶。顧名思義，這是一個幾千英里寬的地帶，來自赤道以北的氣流，與來自赤道以南的氣流在赤道附近輻合，同時受到科氏力的影響，這兩股氣流都向東偏移，即所謂的東北信風與東南信風。這其實是涵蓋全球從兩極到赤道的三個大氣環流帶的一部分，空氣在這三個環流帶中向上升，或以南北方向水平移動，或下降回到地表。鄰近赤道的兩個環流帶，將空氣由地表低空推向赤道，然後在赤道附近上升，赤道無風帶就是在兩股氣流會合的地方發生。此一地帶天氣的特徵是高溫潮溼、對流旺盛、雷雨頻繁。間熱帶輻合帶隨著季節變換而移動，在北半球的夏天往北移動，因為此時北半球的日照強度最強；當南半球夏天來臨時，間熱帶輻合帶便移動到赤道以南，因為此時南半球的日照強度最強；春秋分之際太陽直射赤道，間熱帶輻合帶便會移回赤道。當間熱帶輻合帶遠離赤道時，科氏力的影響將增強，區域性的氣旋強度也將增加。當間熱帶輻合帶與東風波（easterly wave disturbances）兩者結合後，低氣壓的強度更大，這便是熱帶氣旋的誕生地了。

　　出現在印度次大陸的間熱帶輻合帶，亦即我們討論過的季風，在北半球的夏天，季風會北移，帶給印度甚至更北方的孟加拉、巴基斯坦與緬甸等地大量的季節雨；在南半球的夏天，

間熱帶輻合帶往南移動，帶給澳洲北部以及玻里尼西亞季節性
的降雨。赤道無風帶雖然經常處於風平浪靜的情況，但是也可
能隨時出現突如其來熱帶風暴。

南北半球的氣候不同嗎？

　　全球天氣與氣候受到幾個簡單的機制所控制，其中之一是
地表形狀的特徵直接影響太陽輻射轉換成熱能，而熱能又如何
重新分配到地球各個角落。太陽對陸地影響的時間遠小於對海
洋的影響。陸地的密度遠大於海洋，因此太陽輻射最多只能穿
透幾公分地表，之後便訊速以熱能的形式輻射回大氣。當太陽
輻射消失後（在夜晚或冬季月分），陸地的溫度便快速下降，
地表氣溫也隨之下降。海水吸收太陽輻射的速度緩慢，卻能達
到陸地所不及的深度。其結果便是，在夏季期間海洋的溫度要
比鄰近的陸地低；而在冬天，海水緩慢地釋放熱能，卻能使海
洋的溫度比鄰近的陸地高。在沙漠裡又是截然不同的現象，在
熱帶沙漠，如撒哈拉，白晝的溫度可以熱到令人難以忍受，
但是到了夜晚，由於缺乏雲的覆蓋（雲在夜晚能夠維持地表溫
度），地表的熱能快速地輻射回大氣高空，氣溫便急遽下降，
造成極大的晝夜溫差。因此海陸的分布對於大規模的天氣型態
具有重要的影響，讓我們看看南北半球海陸分布對氣候的影
響：

陸地：

北半球的陸地面積多於南半球，陸地在夏季會加速氣溫的上升，因此北半球的夏季氣溫較高。反之，北半球的陸地在冬天卻可能變得極度寒冷。

海洋：

北半球的海洋面積小於南半球，這對南北半球氣流與洋流的分布同樣有明顯的影響。在前文已討論過，羅斯貝波是北半球中緯度天氣變化的主要推手，其成因是因為與熱帶之間巨大的溫差。羅斯貝波是發生在中緯度高空的的快速氣流，能影響地表的天氣系統。此外，北大西洋的墨西哥灣流與北太平洋黑潮將溫暖的海水推向高緯度，不僅僅有助於調節空氣的溫度，當來自南方的暖流與北方的空氣發生互動，造成了大規模南北方的熱能與水氣的重新分配，其影響範圍涵蓋北半球的絕大部分。反之，南半球主要的洋流是環繞南半球高緯度的南極環流（Circumpolar Current），南極環流基本上就如同一堵海面下的圍牆，阻斷了熱能向南擴散。有趣的是，這使得南半球的熱帶與地球上最冷的南極，兩者之間的溫差大於北半球，而較大的溫度梯度便導致南半球的噴射氣流速度高於北半球。此外，由於陸地面積較小，噴射氣流的流動比較不受地形的干擾，因此流動的速度也更快更強。

全球最極端氣候所在地?

- 最溼潤的地方：印度（北半球）。
- 最乾燥的地方：阿塔卡馬沙漠（南半球）。
- 最冷的地方：南極沃斯托克站（南半球）。
- 最熱的地方：死亡谷（北半球）。
- 日照最長的地方：美國亞利桑那州尤馬（Yuma）（北半球）。
- 颱風最多的城市：紐西蘭威靈頓（南半球）。

這些緯度地區有什麼？

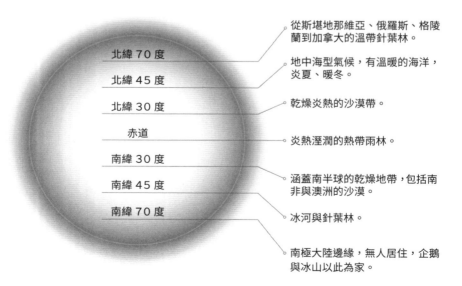

北緯 70 度 ── 從斯堪地那維亞、俄羅斯、格陵蘭到加拿大的溫帶針葉林。

北緯 45 度 ── 地中海型氣候，有溫暖的海洋，炎夏、暖冬。

北緯 30 度 ── 乾燥炎熱的沙漠帶。

赤道 ── 炎熱溼潤的熱帶雨林。

南緯 30 度

南緯 45 度 ── 涵蓋南半球的乾燥地帶，包括南非與澳洲的沙漠。

南緯 70 度 ── 冰河與針葉林。

南極大陸邊緣，無人居住，企鵝與冰山以此為家。

第五章

颱風、颶風與龍捲風

　　你可能看過中心（也就是風暴眼）十分明顯的大型風暴系統，行經陸地時留下大量破壞痕跡的衛星影像。影像中的天氣系統有可能是颶風、氣旋或颱風，因為它們看起來其實沒什麼兩樣。事實上，這幾個系統的本質都一樣：是會產生大豪雨，且近中心持續風速至少達每小時 74 英里的天氣系統。氣象學上，我們稱這些系統為熱帶氣旋（tropical cyclones），如其名，這些系統都在熱帶地區生成。它們的形成方式完全一致，一開始是熱帶低壓（tropical depression），再增強為熱帶風暴，接著可能會成為熱帶氣旋。它們的運行模式也都相似。所以差別在哪呢？總歸一句，跟地理有關。

　　颶風是在大西洋或東太平洋形成的熱帶氣旋。往往會侵襲加勒比海、中美洲與美國。正式的颶風季節是從 6 月至 11 月底，8 月下半到 9 月初最活躍；這段期間，溫暖海面與其上方空氣之間的溫度差異相當大。熱帶系統升級成正式風暴後會獲得命名，這些命名都通過世界氣象組織的委員會同意，該委員會負責所有熱帶氣旋的命名。命名清單共有 6 份，每 6 年輪流一次，從 A 開始按字母依序排列，男女人名交替使用（中間跳過 Q、U、X、Y 與 Z 這幾個字母）。

　　根據位在邁阿密的美國國家颶風中心（National Hurricane Center）資料顯示，獲名的熱帶風暴平均為 10 個，其中有 6 個會變成颶風，2 ～ 3 個會成為強烈颶風（major hurricane）（颶風的最大持續風速超過每小時 111 英里）。目前記錄到最強的颶風為 2015 年 10 月在東太平洋形成的颶風派翠西亞（Hurricane Patricia）。其最強時期的中心氣壓為 872 毫巴，最大持續風速為每小時 215 英里。颶風派翠西亞最終在墨西哥

西部登陸，造成 4 億 6,000 萬美元的災損。

　　颱風（typhoon）是在西太平洋海上生成的熱帶氣旋。侵襲地區從印度與菲律賓，到中國、台灣及日本等。雖然許多國家一年當中任何時期都可能生成颱風，不過基本上都是在 5 月至 10 月之間發展，頻率最高的時期是 8 月。在東南太平洋周遭有許多領土容易遭受這些風暴侵襲，尤其是菲律賓北部（呂宋島北部與中部）經常受重創。跟颶風的發展一樣，位在西太平洋的熱帶低氣壓持續風速達到每小時 39 英里，且成為熱帶風暴之後，就會獲得命名。由位於日本的區域專責氣象中心（Regional Specialized Meteorological Centre）決定颱風名稱，但是會與每年受颱風威脅的各國協調。紀錄上最強的颱風為強烈颱風海燕（Super Typhoon Haiyan），在 2013 年重創菲律賓，超過 6,000 人喪命。海燕最強時持續風速達到每小時 195 英里。跟大多數熱帶氣旋一樣，風並不是最強的殺手，而是風暴潮（storm surge）：帶來龐大的海岸洪水。塔克洛班市受到大規模重創，許多建築物都被沖走，整座城市高達 90％都遭受破壞。

　　氣旋源自印度洋生成的熱帶氣旋系統，東至澳洲，西至馬達加斯加都會受影響。在孟加拉灣（Bay of Bengal）生成的系統，會侵襲斯里蘭卡與印度；而在阿拉伯海（Arabian Sea）生成，影響部分海灣國家的系統也歸類為氣旋。澳洲氣象局負責追蹤與預報澳洲附近的氣旋路徑，且會在它們成為熱帶風暴時予以命名。11 月至 4 月是澳洲的氣旋季，平均每年有 13 個氣旋，其中只有一半會成為強烈氣旋，許多氣旋根本不會登陸。

　　颶風與颱風在北半球生成，會因科氏力而逆時鐘旋轉。在

印度洋發展的氣旋旋轉方向相同。但是於南半球生成、在澳洲附近的氣旋，則是順時鐘旋轉。紀錄上最強的氣旋為 1999 年北印度洋的奧里薩氣旋（Odisha cyclone，由印度氣象部命名為「BOB 06」）。它被歸類為極強氣旋，最大持續風速為每小時 160 英里，帶來 16 ～ 20 英尺的風暴潮，往印度東北奧里薩內陸淹沒 20 英里。海水淹沒鄉鎮，奪走超過 1 萬條人命，估算損失達 40 億美元。

💡 熱帶氣旋的生成：三大原料

　　我們已經確立颶風、颱風與氣旋屬於同類風暴，也都能統稱為「熱帶氣旋」。其中最強的系統侵襲人口密集區的話，可能造成全面性災害，因此氣象預報員針對預計會登陸的天氣系統提出充分的預警至關重要。要針對可能侵襲的熱帶氣旋提出明確指引，必得理解其結構、發展與生命週期，而要能通曉一切，就要從生成初期談起。

　　接下來即將進入颶風生成之旅。時值 9 月，正是颶風季高峰，旅程要從索馬利亞開始出發。在距離約 3.2 公里（2 英里）處的高空，東非噴流正從東方往西方以每小時約 30 英里的速度流動。白天的熱氣產生了激烈熱氣流，噴射氣流的空氣流動會產生振動，即所謂的熱帶波（tropical wave），是一股大氣擾動，也預告了接下來要發生的事。這股擾動在穿越非洲往西移動時會逐漸增長，產生大雷雨。以上是我們的第一個原料。

　　我們現在位於象牙海岸，因為大豪雨、雷電交加的傾盆大雨使全身溼透了，洪水氾濫的風險上升。這些雷雨開始匯集，熱帶波至此成了「熱帶低壓」（一塊有組織的低壓區）。受到東風驅使的熱帶低壓，越過非洲西岸，並開始橫越東大西洋的開闊海域。現在熱帶低壓可能發生兩個變化：如果海面溫度低於 26℃，熱帶低壓會開始減弱並消逝；不過，若溫度高於 26℃，我們就迎來第二個原料。正是這個關鍵溫度提供了熱帶低壓更進一步發展所需的能量。

　　由東風驅動的熱帶低壓，加上地球自轉賦予一些額外力量，正往中大西洋移動。接著得將目光放到風，看看在熱帶低壓周圍，大氣中的風扮演什麼角色。尤其要注意隨高度而產生的速度與方向變化，稱為風切（wind shear）。強勁的風切會直接扯開熱帶低壓，且實際上會削弱已發育完全的颶風。如果風切很弱或不存在，則熱帶低壓就能進一步發展。這就是我們的第三個原料。當地面風增加到每小時 39 英里以上，會將天氣系統推入「熱帶風暴」狀態。此時就會賦予它名字。

　　熱帶風暴要能在西進期間進一步發展，海面溫度須維持 26℃ 以上，而且大氣內依然需要有一些風切。這種風暴還討厭另一個東西，沙塵，因為可能抑制它進一步生長。撒哈拉沙漠飛揚的沙塵被風吹送到好幾英里外的海上，它們會破壞風暴的結構，可能抑制熱帶風暴的發展。這些懸浮塵埃會形成一層乾熱的分層，稱為撒哈拉空氣層（Saharan Air Layer）。

　　假設以上所有原料皆準備就緒，熱帶風暴就會持續增強，當地面風最大風速超過每小時 74 英里，一個發育完全的颶風就此生成。接下來要談的是評定颶風強度的「塞菲爾—辛普森

颶風風力等級」（Saffir-Simpson scale）。各種不同的風力等
級表最初是在 1960 年代至 1980 年代使用，用以凸顯颶風的強
度與嚴重度。該等級表會考量中心壓力、風速，與颶風可能造
成的風暴潮，但是最近期的版本僅依最大持續風速，將颶風分
為 1 級（最低）至 5 級（最高）。

等級	最大持續風速	說明
1	每小時 74～95 英里	非常危險的風，會造成一些破壞
2	每小時 96～110 英里	極危險的風，會引發大規模破壞
3	每小時 111～128 英里	會發生摧毀性的破壞
4	每小時 130～156 英里	會發生災難性的破壞
5	每小時 157 英里以上	會發生災難性的破壞

上表：美國國家海洋暨大氣總署提供的塞菲爾—辛普森颶風風力等級。
更新版：2012 年 2 月 1 日。

颶風偏離軌道會怎麼樣？

　　大多數颶風是由熱帶低壓或源自西非海面上維德角島群的
風暴生成。如果大氣條件正好適合熱帶風暴從此處發展，它
就會隨著此緯度的盛行貿易東風（信風），往西移動進入大西
洋。信風通常會繼續推動熱帶風暴和颶風（如果有成為颶風的
話），沿著大西洋更往西移動。

　　全球氣流不只製造出惡名昭彰的信風，還會產生大範圍
的高壓與低壓。在東大西洋上方，有一個副熱帶高壓脊（sub-

tropical ridge）稱為「亞速高壓」（Azores high），是一個半永久的高壓區。這裡的風會繞著一個大型凹陷中心順時鐘流動，引導風暴繞著其外圍移動。事實上，許多比較小的低壓系統，都陷入此橫跨大西洋至百慕達的大型高壓系統的南側中。

　　亞速高壓的確切位置會對北大西洋的風暴或颶風路徑造成實質影響。如果高壓比較弱，且沒有往西擴展，颶風還是會在高壓邊緣的周圍移動，但往往會轉向，更快朝北前進，進入中大西洋，不會威脅到陸地，我們稱這種系統為「魚風暴」（fish storms）。氣象學家會謹慎研究這種副熱帶高壓的位置，如果頑強的風暴沒有減弱，持續往中大西洋前進，就會為陸地帶來氣候活躍的一季。雖然副熱帶高壓透漏了風暴或颶風可能出現的通常路徑，但確切路徑還是要取決於橫越大西洋時其他的天氣與風系，甚至是北美上方的系統。溫暖的海洋也會對風暴的方向造成影響。

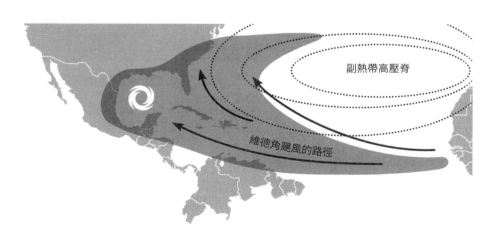

圖·副熱帶高壓脊周圍的熱帶風暴與颶風路徑。

　　風暴或颶風開始往北移動，接著往東北移動到副熱帶高壓周圍後，一般會進入中緯度地區，再折返進入中大西洋。過了這個階段，它們就會開始喪失最初造就它們成為熱帶風暴的原料與特徵，成為溫帶風暴（extratropical storm）。在中大西洋，這些溫帶風暴會被西南盛行風和極地噴射氣流（Polar Jet Stream）撿走，朝歐洲移動。如果條件適合，英國就會位於溫帶風暴的路徑上，使當地發生暴風雨。在這個情況下，我們會稱其為前颶風 X，X 可用原本的颶風名稱代換。

　　雖然我們已經說明過風暴與颶風典型的移動方式，但是現實中大氣的狀況更為複雜。這也是氣象學之美：沒有完全一樣的天氣系統或形式。

　　首先，並非所有颶風都源自維德角群島。有些颶風是從加勒比海誕生，有些則先源自中美洲水域附近的雷雨叢，再往北移入墨西哥灣，發展成風暴與颶風。依副熱帶高壓的位置與強度而異，有些源自東大西洋的風暴與颶風甚至根本到不了中大西洋，實際上是往北移動，跟颶風奧菲莉亞的狀況一樣。

颶風奧菲莉亞的不尋常案例

　　2017 年 10 月的颶風季，有一小塊低壓系統在東大西洋海面上形成。漂流幾天之後，它開始出現發展成熱帶風暴的跡象。國家颶風中心監測了活動行徑，即便海面溫度僅稍微有利其進一步發展，奧菲莉亞依然成為颶風。幾天後，儘管它形成於東大西洋，卻仍增強成強烈颶風（3 級），並創下衛星紀錄時代最遠東的強烈颶風。這極度不尋常，不過光是關注它的發

展也很迷人，更精采的還在後頭。

　　奧菲莉亞漸漸與其他天氣型態交纏，並往更北方推進，通過葡萄牙海岸附近，同時它也一直減弱，變成溫帶風暴；前颶風奧菲莉亞最後在愛爾蘭登陸，即使嚴格說來登陸時它已經不算颶風，但仍具有颶風的風力速度（force wind speeds）。前颶風奧菲莉亞先通過英國，殘存的風暴接著往挪威漂移。颶風奧菲利亞造成的後果之一，是風暴系統挾帶了撒哈拉沙漠的紅塵與葡萄牙野火的灰燼；當灰燼與塵土懸浮在大氣中，用相機拍攝這種奇特的事件時，太陽會變成怪異但又絕美的紅色太陽，當時整片西歐的天空都搖身一變成了橘紅色蒼穹。

為什麼會想朝颶風飛去？

　　準確預測熱帶風暴與颶風攸關性命，目的是搞清楚它們即將侵襲的地區。如果沒有採取適當的因應措施，颶風會造成全面性災害和傷亡。就經濟而言，也一定要知道颶風可能侵襲的時間和地點，因其造成的破壞可能讓政府與保險公司付出好幾十億的代價。雖然本章談論的是颶風的監測與預報，但是颱風和氣旋的過程也非常相似。

　　建構氣象預報之前，得到大氣狀態的準確影像極為重要。全世界記錄天氣觀測的方法很多，從地面到天空都有。自從1980年代衛星問世後，我們已能獲知更清晰的大氣畫面細節，因為這項技術可以監測海洋以及陸地偏遠地區上空的天氣條

件，都是我們無法親臨現場的地方。

在衛星問世之前，陸地上也有完善的天氣觀測網絡，但是海面上的觀測卻十分有限，只能利用船隻與海洋浮筒。這種做法的問題在於颶風的形成和發展都是在海上，而我們卻無法在海上恰當地測量天氣條件。1943 年，首支載人偵察飛行隊飛入威脅德州加耳維斯敦市（Galveston, Texas）的 1 級颶風內。美國現在已成立一隊「颶風獵人」，專門飛至大西洋或東太平洋，蒐集發展中的風暴與颶風的氣象數值。

早期的颶風獵人肩負飛入風暴的任務，還要帶著一批可測量風暴內各處氣流與大氣壓力的儀器。透過這些測量數值，即可確認風暴的強度，以及提供數據輸入預報電腦模型，預測其路徑與發展。飛入中心風速近每小時 64 英里的發展中熱帶風暴是一回事，但是這些颶風獵人還得飛入持續風速超過每小時 157 英里、陣風風速更快的強烈颶風風眼之中。

你可能會覺得這些人簡直瘋了！我意思是怎麼會有人想要飛往地球上破壞力最強的天氣系統內。只能說這麼做的人非常謙卑，也很務實。對他們而言，關鍵是如何避開風暴中的劇烈亂流，也就是搭飛機時可能讓你感到航程顛簸的上下風。在颶風裡，這些上下風可能打斷飛機的機翼。機長可以利用機上設備追蹤劇烈亂流的位置，並航行於其周圍。接著他們會飛進風速與陣風超過每小時 160 英里的最強颶風裡，不過這些都是商用客機習以為常的直擊風（straight line wind）。

儘管如此，飛入颶風並非毫無危險。美國國家海洋暨大氣總署的颶風獵人傑克‧派瑞許（Jack Parrish）表示，他從小就對天氣學很感興趣，要成為颶風獵人似乎是個遙不可及的夢

想；就像熱愛外太空的人會強烈渴望成為太空人一樣。他在1980 年首次飛入颶風艾倫（Allan），他回想第一天多次穿過颶風眼的經歷，跟駕駛客機其實沒什麼兩樣。不過第二天就稍微痛苦了。他遇到劇烈亂流，飛機內大部分的設備都鬆脫，四處飛散，他們後來花了大半天清理。

颶風獵人是由美國國家海洋暨大氣總署與美國海軍氣象偵察隊的飛機組成。每一種飛機在蒐集氣象資訊時都扮演不同角色，團隊成員囊括氣象學家與工程師。由兩名飛行員駕駛，機艙長負責諮詢首席氣象專家，協調任務內容。團隊成員會監測儀器，確保位於機尾的成員釋放空投探空儀（dropsondes，又稱投落送）。空投探空儀是長約 1 公尺的管子，裝有天氣感測器與衛星定位系統（GPS），從飛機底部發射出去，掉入風暴或颶風之中，一邊測量氣壓、溫度與溼度等數值。GPS 感測器能確認風速與風向。飛機會在預定的颶風位置投放超過 50 個空投探空儀，讓科學家獲得即時數值。颶風獵人通過颶風眼時，他們投下的空投探空儀最後會掉入海中，就能讓科學家獲知重要的中心氣壓值。

另一名退役的颶風獵人，休·威洛比博士（Hugh Willoughby）與我們分享他於 1989 年飛進颶風雨果（Hugo）的慘烈經歷。他們在颶風眼附近遭遇劇烈亂流，失去一顆引擎！他們僅靠三顆引擎盤旋在颶風眼內相對平靜的區域，並開始採取緊急處置，尋找離開颶風的出路，試圖避開更嚴重的亂流。幸好另一架颶風追蹤機上的夥伴正在雨果上方測量數值，才能引導他們離開颶風，飛至亂流比較輕微的地方。

衛星的問世有助於測量、追蹤與預報這些風暴，但是颶風

獵人依然有舉無輕重的地位。如果預報顯示颱風即將登陸,他們就會承接許多任務,包括飛入風暴裡,在風暴中、上方以及下方測量數值。蒐集的數據會即時回傳給邁阿密國家颶風中心的氣象預報員進行分析。取得的最新數據即是構成颶風預報電腦模型起始條件的基礎,這套模型最終可以改善風暴路徑與強度的預報準確度。

什麼是風暴潮?

　　熱帶氣旋侵襲陸地時,我們往往認為是伴隨而來的風造成重創。其實不然,事實上風暴潮才是造成大規模沿岸洪水氾濫的真兇,也是最嚴重的衝擊。超過 6 ～ 12 英尺的風暴潮與海水會往內陸蔓延好幾英里,難怪會說它才是氣旋侵襲時,最殘暴的兇手。

　　正如其名,基本上我們談的是與風暴系統有關的水潮,無論是大規模的熱帶氣旋或中緯度地區較小範圍的低壓帶。

　　在水面上,低壓帶會使海面上升,但沒有那麼明顯。壓力每下降 1 毫巴,海面就可能上升 10 毫米。先不管局部海況或海浪的干擾,整體而言,海面與海都不是完全的水平面,而是依氣壓分布起伏。以非常簡單的說法解釋的話,就是當一塊低壓登陸,會造成海岸的海面上升,便導致海岸洪水氾濫。而這不過是整個過程的一小部分。

　　另一個重要考量是風向與強度。低壓的位置可能會把風往

岸邊帶，將暴增的海水推上陸地。風愈強，就愈兇猛。海岸線附近的淺海床也會使洪水高度加劇。

　　近代最大的風暴潮是 2005 年卡崔娜颶風（Hurricane Katrina）的傑作，卡崔娜是 5 級強烈颶風，風速高達每小時 175 英里。讓風直接吹向岸的風暴段，沿著颶風右側分布，那裡正是風暴潮最大之處。這個案例發生在密西西比海岸線的西部與中部，形成 27 英尺高的水牆，直接貫穿內陸 6 英里，並沿著海灣和河川蔓延達 12 英里。紐奧良深受重創，全城超過 50 座堤防潰堤，造成洪水氾濫及相伴而生的毀損。紐奧良的洪災與毀損影響全城 80％，也就是 50 座堤防潰堤之處。這些堤防當初設計只能用來抵擋 3 級颶風。

　　特大風暴潮不僅限於與熱帶氣旋有關的系統。1953 年冬天，英國、荷蘭與比利時就受到一個巨大風暴潮襲擊，引起大規模洪水氾濫，超過 2,000 人因此喪生。這是因為又深又大的低壓往南跨越北海進入歐洲。低壓位置再加上大潮高水位，使得海面比平常還高 18 英尺。英國有超過 900 英里的海岸線受損，洪水迫使超過 3 萬人撤離家園。最嚴重的洪災發生在北蘇格蘭（Isles of Scotland），洪水一路往南通過阿伯丁郡（Aberdeenshire），接著再更往南到林肯郡、諾福克、薩弗克與艾色克斯的海岸。英國光是陸地上的總死亡人數就近 300 人，還有 223 人在海上喪生。這是英國史上最致命的自然災害之一。於災後提議興建的泰晤士河防洪閘（Thames Barrier），最終在 1984 年完工啟用，以防大倫敦區日後再受到來自北海的風暴潮侵襲。

為什麼要為風暴命名？

為熱帶氣旋命名的做法，幾世紀以來已成為全世界通行的規範，主要是為了辨別風暴。本書提及的卡崔娜、派崔西亞與海燕，僅僅是部分聲名狼藉又具破壞力的颶風與颱風。

天氣系統首次獲得命名要追溯到 1887 年，當時澳洲氣象學家克萊門特・雷格（Clement Wragge）開始用希臘字母（至今仍有重要影響）和希臘與羅馬神話非正式地為熱帶氣旋命名，持續到 1907 年他退休後。此後，熱帶風暴與氣旋命名的歷史好壞參半，有些團體和組織會非正式地使用女性人名。在美國，有些正式做法是以女性人名命名颱風，尤其是美國空軍，漸漸流行用自己妻子與女朋友的人名來交流風暴資訊。起初這個做法大受歡迎，以至於美軍在 1945 年的颱風季還擬了一份女性人名的官方名單為太平洋颱風命名。不過為風暴命名並非各地都買單，美國氣象局認為賦予熱帶氣旋身分並不恰當，使用女性人名的爭議也持續多年。

一直到了 1977 年，世界氣象組織才確定有必要更嚴格控制與規定熱帶氣旋的命名規則，因而設立了颶風委員會，並接手控管大西洋颶風的命名。當時他們才決定要依字母順序使用男性與女性名稱命名。他們決定了 5 個姓名清單可在接下來的 5 年內使用。最後太平洋與印度洋的其他天氣中心也仿效這個做法，現在則會在一季之前就先草擬清單並通過商定。

北大西洋有 6 份清單，每 6 年輪流一次。清單上使用字母 A 至 W，略過 Q 和 U；如果清單上所有人名都用過了，則依

希臘字母命名風暴，不過這只有在 2005 年的颶風季發生過一次，真是不可思議。那是紀錄上颶風最活躍的一季，所有清單上預定的人名都用過一輪，因此啟用希臘字母的前 6 個字母：Alpha、 Beta、Gamma、Delta、Epsilon 與 Zeta。

　　從古至今，風暴命名已證實有助於溝通劇烈天氣的潛在衝擊。普遍認為如果賦予天氣系統人性，為風暴命名的統一可在不同媒體與預報中心之間清楚交流，尤其當同一時間出現多個低壓系統時。

　　英國要到 2015 年才有正式的風暴命名系統。在那之前，有些強烈颶風會由特定天氣預報公司賦予非正式名稱，之後被媒體拿去使用。最大且最為人所知、在氣象社群尤其出名的一個風暴，是 2013 年 10 月的聖彼得日風暴（St Jude's Day storm），由英國天氣頻道（Weather Channel UK）命名。他們的母公司是美國天氣頻道，在 2012 年至 2013 年常為冬季風暴取名（而非颶風）。聖彼得日風暴是侵襲南英格蘭最嚴重的風暴之一，造成全歐 17 人死亡。隨著人名的使用大幅增多，普遍認為這是在劇烈天氣發生期間，將天氣預報清楚傳達給民眾的成功做法。

　　2014 年，英國氣象局（UK Met Office）與愛爾蘭氣象服務（Ireland's Met Éireann）合擬了一份風暴名稱預定清單，率先在 2015 年與 2016 年秋、冬季使用。目的是要提高對風暴危險的警覺性，並確保提升大眾安全。這份清單遵照世界氣象組織的命名格式，按照 A ～ W 的順序交替使用男性與女性人名，並略過 Q 與 U。當風暴被認定其風、雨、雪或以上組合會對英國或愛爾蘭造成可觀影響時，就會予以命名。第一個獲名的風

暴是 2015 年 11 月 10 日的艾比蓋兒風暴（Storm Abigail），
為蘇格蘭外赫布里底群島（Outer Hebrides）帶來每小時 84 英
里的最大陣風，導致超過 2 萬戶停電。此外還有稍加複雜的規
則，越過大西洋往英國與愛爾蘭前進的前熱帶風暴或颶風，會
繼續沿用美國國家颶風中心賦予的原名。

💡 龍捲風：
地球上破壞力最強的天氣事件？

　　每個人對龍捲風的樣貌都有自己的想像。空氣旋風從又大
又黑的雲層險惡地往下延伸，接著碰觸陸地，造成大規模破
壞。就宏觀的天氣現象而言，龍捲風的規模相當小，但有些龍
捲風卻能成為地球上最兇猛的風。事實上，地球上記錄到最強
的風是 2013 年奧克拉荷馬里諾（El Reno）的龍捲風，風速達
到每小時 301 英里。

　　雷雨往往是龍捲風的先驅，因此需要具備的第一個要素是
龐大的積雨雲（cumulonimbus）。這種雲會往上延伸進入大
氣好幾英里高，雲內有大量上下氣流旋轉，氣流非常亂。積雨
雲會產生大型冰雹與雷擊。雖然積雨雲是必備品，但還需要一
些要素才能形成龍捲風。當積雨雲大幅發展，形成所謂的雷雨
胞（daughter cells），本質上就是其他積雨雲，那多半就會形
成龍捲風。集合在一起便稱為「超級核胞」（supercell），是
特別強大的高聳雷雨。雲本身是地面熱氣上升至大氣所形成，

而在超級核胞裡，這股上升氣流特別強，會產生龐大的上衝流（updraft）進入雲的底部。在雲中，風切的風速與風向變化相當快速。上衝流與風切會使空氣開始旋轉進入空氣柱，稱為雲底的漩渦（vortex）。旋轉空氣柱會在漩渦內的冷空氣被迫下沉時，開始從地面吸取更溫暖的空氣。空氣往下移動會把漩渦更往下拉，形成漏斗雲。最後，漏斗雲會長大並朝地面延伸，碰到地面後，龍捲風應運而生。

　　大部分龍捲風都不大，直徑約 80 公尺，只會移動幾英里的距離，通常風速不會超過每小時 100 英里。不過，有些大型龍捲風可以大到寬約 3 公里，移動長達 100 英里以上，風速高達每小時 300 英里。熱帶氣旋是以接觸到的特定風速來分級，但龍捲風不一樣，是以測到的風速加上對陸地造成的實際損害，以改良型藤田級數（Enhanced Fujita Scale, EFS）來分級。

改良型藤田級數(EFS)		
EF0	每小時 65 ～ 85 英里	輕度破壞力
EF1	每小時 86 ～ 110 英里	中度破壞力
EF2	每小時 111 ～ 135 英里	可觀的破壞力
EF3	每小時 136 ～ 165 英里	嚴重的破壞力
EF4	每小時 166 ～ 200 英里	摧毀性破壞力
EF5	超過每小時 200 英里	不可置信的破壞力

　　龍捲風有許多不同的紀錄，但是史上最極端的龍捲風是1925 年的三州大龍捲（Tri-State tornado）。即使當時還未開始使用改良型藤田級數，仍被認定有達到 EF5 的等級；這個

龍捲風是最長路徑的紀錄保持者，在密蘇里州、伊利諾州和印第安那州移動了 219 英里（因此稱為三州）。壽命持續約 3.5 小時，並以每小時 73 英里的速度移動。這個龍捲風也是美國史上少有的致命龍捲風，造成 695 人喪命。

美國以龍捲風聞名，「龍捲風巷」（Tornado Alley）這個地方還成了此天氣現象的同義詞。龍捲風巷的範圍涵蓋大平原，一般來說包含奧克拉荷馬、堪薩斯、德州潘漢德爾、內布拉斯加、南達科他州東部，以及科羅拉多州東部。在春天，龍捲道是培養龍捲風的優良場所，此季節冷空氣會從北方而來，而溫暖潮溼的空氣由墨西哥灣吹入，這個地區正好位於兩者中間。當兩種不同的氣團接觸，會帶來不穩定的大氣，並挾帶溼氣與能量，產生大型雷雨和超級核胞。

雖然你可能會把龍捲風與美國聯想在一起，但事實上世界任何角落都可能發生。說出來可能讓你嚇一跳，在全世界龍捲風發生頻率（每平方英里陸地記錄到的龍捲風數量）排行榜中，英國位居第二，僅次於荷蘭。英國平均每年有 30 ～ 50 個龍捲風，但是大多數居民卻沒在英國看過龍捲風，這究竟是怎麼回事？

英國的龍捲風有多特別？

在英國形成的龍捲風通常非常小、只持續幾分鐘，僅造成輕微財產損失。不過，2005 年 7 月，英國突然爆發劇烈的雷雨。在英國各地都觀測到超級核胞開始發展，這是龍捲爆發的前兆，單日記錄到的龍捲風共有 6 個。其中一個龍捲風在伯明

罕形成，並發展成英國史上規模最強的龍捲風前幾名之一。該龍捲風在郊外建築密集的地區著陸，移動了 7 公里左右，造成大規模建築物毀損。龍捲風與風暴研究組織（TORnado and storm Research Organisation, TORRO）及氣象局評估了氣象數據與毀損狀況後，推估龍捲風風速約為每小時 137 ～ 186 英里；以改良型藤田級數判定，可能屬於 EF2 或 EF3 等級。幸好沒有任何人員傷亡，但是該龍捲風造成的建築物、車輛與樹木損失據估算約 4,000 萬英鎊，堪稱英國史上最昂貴的龍捲風。根據龍捲風與風暴研究組織的說法，英國史上最大的龍捲風發生在 1981 年 11 月，當時活躍的冷鋒橫掃威爾斯與英格蘭，光一天就產出 105 個龍捲風。那些龍捲風不僅短命又微弱，因此沒有造成任何傷亡。

　　一份涵蓋全英、橫跨 1980 年至 2012 年的龍捲風研究發現，「英國龍捲風巷」坐落在倫敦與布里斯托之間，伯明罕與曼徹斯特的北邊。此處每年有 6％的機率會在 10 公里範圍內生成龍捲風。

　　在英國，預報龍捲風出沒的地點非常困難。美國的龍捲風最初多是從超級核胞的雷雨形成，很容易預報與觀測；但英國不同，英國的龍捲風大多沿著狹窄的風暴產生，而這些風暴則是沿著冷鋒形成。在特定氣象情勢下的確可以預報，當我們認為非常活躍的冷鋒即將侵襲英國，我們也許能建議在此期間會有一些龍捲活動出現，甚至可以相當明確地指出，寬闊地區風險高於其他地方；但最多就只能做到這樣。龍捲風的形成實在難以預測，因此可能會有兩天的氣象情勢看起來一模一樣，其中一天生成數個龍捲風，另一天卻完全沒有龍捲風。

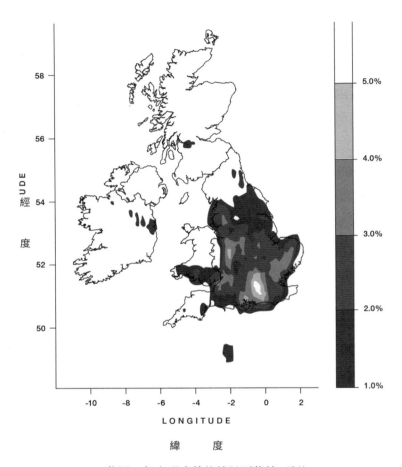

英國一年中形成的龍捲風可能性（％）
來源：'Climatology, Storm Morphologies, and Environments of Tornadoes
in the British Isles: 1980 – 2012', Kelsey J. Mulder and David M. Schultz.

你希望離龍捲風多近？

　　美國的龍捲風巷每年都有數以百計的氣象學家、攝影師甚
至是觀光客，花好幾天時間「追逐風暴」。他們可能是為了研
究這些致命的龍捲風，想要用影片記錄整個過程，或單純追求

刺激。所有打算追獵風暴的人都需要具備基本知識，了解保持安全的方法，這包括理解風暴移動與發展的原理。熱情的追風者是受過訓練的氣象學家，畢生致力鑽研龍捲風。他們一整年都在為春天的龍捲風季做準備，改裝汽車以增重，強化、裝備所需的高科技氣象設備。追風者能監測天氣型態、雨量雷達影像，並尋找洩漏超級核胞和龍捲風發展蹤跡的線索。

龍捲風巷涵蓋範圍一望無際，但是最容易遇到龍捲風的核心地帶則是德州、堪薩斯州與奧克拉荷馬州附近的塵暴乾旱區大平原。有部分原因是平坦開闊的陸地比較容易目擊到好幾公里遠的雷雨與龍捲風發展；但不利之處則是因為幅員廣大，動身追風前得花許多時間計畫和預測，否則可能耗費好幾天時間無盡地奔波，到頭來卻什麼也沒看到。

追風者的興奮程度到了 5 月和 6 月時會達到極度狂熱，因為這段期間是統計上較多龍捲風出現的時期。選定會有風暴與龍捲風形成的潛在區域之後，也許要花好幾個小時的車程才能抵達，且要持續監測大氣條件。可能要等待很長一段時間，天氣條件才會水到渠成，也常需要進一步的搜索。因為龍捲風可能寬幾百公尺也可能只有 2 英里，持續的時間相對短，因此追風者不是看不太到，就是發現自己離龍捲風非常近。

靠得太近或位於龍捲風路徑上的危險不言而喻，但不單只是龍捲風存在於劇烈的雷雨中，閃電、大型冰雹和洪水也有特定的相關風險。追風最大的危險通常來自把車開進這些環境之中。大雨和冰雹會降低能見度，還要閃避路上掉落的電線或其他碎片殘骸。追風者大概知道哪個風暴可能產生龍捲風後，就會與其保持安全距離，不會讓自己身陷預測的路徑上，並計畫

好逃離路線。或許有許多追風者可以幸運逃出，但也有很多人因為追風過程中的車禍而喪命，多年來不曾發生龍捲風直接造成的死亡事件，直到 2013 年 5 月。

打破紀錄的里諾龍捲風

那是聲名狼藉的奧克拉荷馬里諾龍捲風，史上最寬的龍捲風，有三名追風者因其迅速發展而受困其中並喪命。當天的大氣條件達到顛峰，有大量溼氣又溫暖，因此追風者心裡明白將會有大型的風暴發展。隨著時間推移，迅速發展的超級核胞點燃了風暴，不久後龍捲風著陸。大多數龍捲風往東走，但是這個龍捲風偏偏開始朝東南方移動，也就是說龍捲風朝著人群觀測的區域前進。當天喪命的三名追風者都是身具多年經驗、極受敬重的專家，且都參與了「TWISTEX」的龍捲風研究專案。他們正在觀測這個強大的 EF3 龍捲風時，發現自己靠得太近而試著逃跑。但是因為漏斗雲快速擴展，最後完全籠罩車子，並把車子甩了約半英里遠。他們的死震驚了追風社群，即便如此，死亡事故依然罕見，但也說明了龍捲風的發展有多難預測，以及距離太近時的風險。

什麼天氣最有可能害我喪命？

在我們造成群眾恐慌，害你開始擔心被天氣擊倒之前，要先談一個大前提：危險與否全都取決於你居住的地方！有些天氣現象只會侵襲特定國家，所以根據你居住的國家也會有所差異。例如，英國不會受到颶風侵襲，因此住在英國不會因為颶風喪命；如果你住在多山地帶，海岸風暴潮也不會奪取你的性命。全世界可能遇到的極端天氣有多種不同的類型：熱帶氣旋、熱浪、乾旱、水災、嚴寒的天氣與雷雨。雖然水災和熱帶風暴可能一次會影響數千人，但它們並不如雷雨那麼頻繁；而雷雨在世界各地都經常發生，但是每次影響的人數比較少。

先從雷雨開始吧。從雲打下來的雷擊電力約 10 億伏特，會造成比太陽還熱約 5 倍的溫度。雷擊發生的頻率比你想像還頻繁，每 1 秒就有約 100 次雷擊擊中地球上某處。絕大多數雷擊都沒被人注意到，或擊中有避雷針的建築物，並將電力傳送到地球。雷擊也可能擊中人，全世界每年約有 4,000 人因雷擊喪生（有一說則認為這個數字可能高達 2 萬 4,000 人），遭受雷擊受傷的人數更多。各國的雷擊死亡事件紀錄不多，不過國際閃電偵測會議（International Lightning Detection Conference）蒐集到的數據顯示，印度的死亡數最高，每年約 2,000 人喪生。但是如果按照人口率來看，在馬拉威喪命的機率比較高，平均每年有 45 人因雷擊死亡。作為參考，這個數字意思是，英國每年平均只有 2 人因雷擊喪命——所以如果你住在此地，你被雷擊中的機率約為 1/70,000,000。

　　熱浪和寒冷天氣事件隨時都會造成更多人死亡。根據聯合國減災策略署（United Nations Office for Disaster Risk Reduction, UNISDR）資料顯示，在 1995 年至 2015 年間，所有歸因於天氣相關災難的死亡事件中，極端溫度造成的死亡比例為 27％。在這段期間，有 16 萬 4,000 人因熱浪喪命。發生熱浪時，身體無法因應比平常還高的溫度，身體機能會逐漸停擺，除非採取預防措施為自己降溫。2003 年，發生了一場全歐熱浪，溫度高於均溫，多國都破了紀錄，有超過 7 萬 2,000 人因過熱而喪命。2010 年，俄羅斯也一樣因熱浪造成超過 5 萬 5,000 人喪命。

　　2003 年，全歐熱浪使多國都打破氣溫紀錄。不過相較之下，因為比平常還冷而造成的冬季超額死亡（excess winter deaths）人數更多。每年的超額死亡數可達 2 萬 5,000 至 3 萬人。其中許多年齡高於 85 歲的長者，對他們而言，寒冷的冬天會引發呼吸道問題，如支氣管炎、氣喘與流感。多數死亡主要歸因於燃料貧乏，意思是低收入的高齡族群，家中沒有充足的暖氣設備可供禦寒。

　　以全世界來看，水災和乾旱每年可能影響數十億人口，尤其是開發中國家。要推算出水災或乾旱的確切死亡人數非常困難，因為少有報導記錄。前面提過的聯合國減災策略署報告指出，亞洲與非洲受水災侵襲的機率高於其他大陸，估算全世界每年因水災死亡的人數約 8,000 人。

　　不過世界上最兇猛的天氣殺手還是風暴，包括颶風、氣旋，及相關的風暴潮。根據估算，1995 年至 2015 年間，超過 24 萬 2,000 人因風暴侵襲而死。風暴登陸時幅員遼闊，代表廣

大區域都會感受到其衝擊。風會造成嚴重破壞，雨和風暴潮會帶來蔓延的洪水。事實上，如我們探究的，風暴期間的洪水比強風還可能奪取你的性命。不難想像，開發中國家遭受的衝擊可能遠比已開發國家還要大，因為已開發國家的基礎建設與緊急應變都比較完善。

第六章

天氣現象

　　不斷在我們頭頂上演的戲碼，會對日常生活產生實際影響。偶爾我們會望向天空深呼吸，看著天空總能讓時間在頃刻間靜止。當陽光碰到空氣，天空會變成劇場布景，出現許多不同的形狀、花樣和顏色。有時壯麗的雲朵不是駭人天氣即將到來的預告，而是用藝術家的畫筆提示某些訊息，這是天氣絕美的藝術形式。我們不時會為天空出現的畫面感到驚奇，對背後原理的渴求也不曾削減……

💡 彩虹

彩虹是怎麼形成的？

　　我很肯定不是只有我們這些天氣宅會對天空的彩虹感到驚奇。只要出現彩虹，就會想要在彩虹底下尋找黃金，或在腦中默背「紅、橙、黃、綠、藍、靛、紫」。「彩虹」一詞來自拉丁文「arcus pluvius」，意思是「多雨的拱門」。從古至今都有人目擊，且常是神話故事的一部分；甚至出現在《聖經》的《創世記》（Book of Genesis）第九章〈諾亞與大洪水〉（Noah and the Great Flood）的故事情結中。根據聖經內容，上帝在大洪水過後造了一道彩虹作為承諾，代表祂不會再次用洪水摧毀地球上所有生命。

　　彩虹無疑是雨和太陽同時現身的信號，這有助於我們解釋彩虹的形成原理。其實彩虹並不存在，意即它們不是有形的物質，而是根據陽光、水滴與你的眼睛互動所產生的光學現象。

就因為最後這個因素——你的眼睛，使每道彩虹完全專屬於你。僅距離你幾公尺遠的人，也能清楚看到同一道彩虹，但與你眼中所見的畫面稍有不同，那是因為光抵達你視網膜底的角度不同。

　　彩虹的形成需要陽光和水滴，但也沒那麼簡單；關鍵的條件是太陽從你身後照射，而水滴在你前方。要說明我們如何看見完美的彩色弧形，就需要稍微提及物理學。當陽光接觸到球狀水滴時，部分光線會反射回去，但其餘光線會進入水滴內，並彎折成不同角度，即為折射。其中有些光線會碰到水滴背面，在內部折射；此折射角度約為 $42°$，但是因為各色光彼此之間的折射有些微差異，來自太陽的白光會散開，分裂成光譜上不同的顏色，如波長比較短的紫色，反射角度也比紅光大。

　　當光線回傳到眼睛時，就會看見紅色至紫色的完整顏色光譜。雖然我們常能將彩虹的顏色分成紅色、橘色、黃色、綠色、藍色、靛青色與紫色帶，但實際上各顏色之間彼此融合。彩虹紅色的部分總是位於弧的外側，紫色在內側，即使無法清楚看到兩者之間的完整色譜，但一定都是按照這樣的順序排列。除非你看見第二道彩虹——雙虹。

雙虹的原理是什麼？

　　理論上，所有彩虹都會有第二道虹，因為陽光通常在雨滴裡反射兩次。但實際上，因為光線在第二次反射時會消散，顏色往往會比較淡，也比較不明顯。第二道彩虹也較大，在天空中比較寬廣的部分擴散。當光線反射第二次，顏色順序會相

反，所以第二道彩虹外側的顏色會是紫色，接著是靛青色、藍色、綠色、黃色、橘色，紅色在內側。

　　你可能也注意到兩道彩虹之間的天空比較暗，基本上是因為這裡只剩下些微光線可以進入你的眼睛。這個現象很有趣，稱為「亞歷山大帶」（Alexander's band），以亞歷山大為名，因為他在西元前 200 年率先提及此現象。

反射的彩虹與月虹

　　另一個偶然發現的視覺現象為反射虹（reflected rainbow）。看起來與雙虹相像，但是兩道弧形的弧度不一；或甚至能在雙虹之間看到第三道虹。反射虹最常在附近有一大片水域時遇到，如海洋或湖泊，但是非常罕見。陽光會從水域表面反射，接著以不同角度穿過雨滴到達形成主要彩虹之陽光的直射光束。反射虹通常從水平面的同一點開始，但是弧形中心位於天空中較高點，形成與原本彩虹不同的弧度。

　　月虹（Moonbow）純粹由月光而非陽光產生，除了光源改變之外，形成方式完全一樣。月虹比較淡，顏色較不明顯，甚至看似白色。這是因為來自月亮的光量比陽光少，因此不會刺激我們眼中的顏色受器。有趣的是，如果你曾經用長曝光拍攝月虹，則可以捕捉到顏色。

　　當然，並不一定要下點雨天空才會出現彩虹，只要你背對太陽，前方有水滴，且角度適當，就能在瀑布、霧，甚至拿水管澆花的水中看到彩虹！

雲中的彩虹？

　　你可能曾經看過空中的日戴（circumzenithal arc），卻不知道自己看到了什麼。事實上，它們很常見，讓我們以為彩虹「上下顛倒」了，或天空露齒而笑，因為顏色光譜在天空是一道往上延伸的弧形，而非向下朝地面展開。與由水滴反射形成的彩虹不同，日戴是一種需要空中有冰晶才能形成的視覺現象。大多時候，我們會在卷雲或卷層雲中看到日戴，因為這兩種雲會形成冰晶。由於這個彩色弧形是由被反射的陽光形成，且在冰晶中折射，因此屬於不同類型的視覺現象，稱為光暈（halo）。你或許也能在太陽周圍看到完整的 360° 圓圈，稱為22° 暈（22-degree halo），甚至隱約瞥見出現在太陽 3 點鐘與9 點鐘位置的「幻日」（parhelia），也稱日狗（sundogs）或假日（mock suns）。

　　要理解日戴形成的原理，需要再提一些物理學概念。冰晶的構造相當複雜，取決於溫度與周圍環境的壓力。不過它們都有個共通點：是兩個面、六個邊的六角柱。當這個六角柱朝水平方向，像盤子一樣堆疊，就會形成日戴。來自太陽的光從頂端平面射入，再從稜柱側面垂直的部分離開。冰晶內的折射角度（90°）會把白光分裂成你眼中所見的不同顏色。你在學校的自然科學課堂上極有可能已做過類似實驗，讓光通過稜鏡照射到稍白的紙上，再從另一邊觀察照射出的顏色。

　　想觀察日戴，高空中一定要有卷雲或卷層雲。陽光常因為這種雲才變得朦朧或混濁。太陽處於低角時，你可能會注意到其上方的弧形位於 12 點鐘方向。彩虹的中心總是朝向太陽，紅色位於外側，一路延伸至內側的藍色或靛青色。

日狗會吠嗎？

　　在幾乎完全相同的條件下，當天空中充斥著含有冰晶的卷層雲，你就有機會看到 22° 暈或日狗。光暈看起來像是太陽周圍有個大圓盤，但是與日戴不同，日戴可以看到相當明顯的顏色差異，光暈看起來則有些許褪色，也許只看得到一點淡紅色。穿過冰晶六角柱的陽光折射時，會再形成一次。光暈的光線通過時的稜柱方位與日戴不同。事實上，大多數光束會以近 22° 的角度偏轉，形成光暈明亮的內緣，因而得名。

　　光暈不只是白天特有的視覺現象。如果天上的月亮夠亮（最有可能是滿月的時候），加上一點點卷層雲，也能發生相同的物理現象，你也許能夠在月亮周圍發現淡淡的 22° 暈。

　　如果空中出現光暈（或部分光暈），則你可能也會在太陽的 3 點鐘與 9 點鐘方向看到日狗。基本上，這些位置的光暈比較亮，最常在太陽位於空中低處時被發現，雖然看起來很亮，但也能像日戴一樣看見顏色。當它們耀眼奪目，你就能明白為何有時候人們會稱之為「假日」，因為天空看起來彷彿出現了三個太陽。

圖・日狗

💡 是雲還是外星人入侵？

　　大氣瞬息萬變，每天都能看到不同的雲景。雲在發展、消退和隨風移動到你頭上時，會不斷變化成不同形狀。許多人可以辨別天上一般的雲，無論是夏天占據天空的蓬鬆積雲，或冬天比較常見、始終是灰色的層雲或層積雲。不過有時候可能有機會看到一些格外特別的空中畫面。

飛碟雲

　　莢狀高積雲（Altocumulus lenticularis）是一種看起來像空中透鏡或飛碟的雲，不會隨著高空的風移動。這種雲最常在高

地的背風側看到,是由山頂的氣流形成。由於潮溼和穩定的空氣不希望往上或往下移動,當它們被迫往山坡上移動時,此處的溼度與壓力會造成它被推至其不喜歡的狀態,因此會想回到原本的高度,因而在山的下風處產生所謂的「駐波」(standing wave)。如果波峰的溫度處於空氣的露點溫度,便會凝結成雲。需要達到相當剛好的條件才能形成莢狀雲(lenticular cloud),其往往是身形拉長、邊緣平滑,看起來像透鏡的樣子。小丘或山岳產生空氣的波浪動作在開始後會繼續好幾英里遠,因此你可能會在離山岳有一段距離的地方看到空氣冷凝成莢狀雲。也可能同時有許多莢狀雲形成,有些甚至位於不同高度,堆疊在彼此上方。因為其外觀平滑像透鏡,常常會被通報為幽浮或幽浮周圍用來隱身的「雲蔽」(cloud cover)。尤其美國發生過許多類似的「目擊」事件,通常當局會推斷事件元兇其實是莢狀高積雲。但它們真的只是雲嗎?

圖・莢狀高積雲

穿洞雲

　　這是另一種第一眼看到會讓你以為是某種超自然生物入侵的雲！如標題，此現象看起來像有東西用鑽洞器在雲上打了個洞。這種雲的專名為雨幡洞雲（fallstreak hole）。簡單說，當部分雲層形成大到可以掉出雲層的冰晶，如雨幡時，就會形成穿洞雲。有趣之處在於隨機出現的雲層裡怎麼會忽然有冰晶形成呢？

　　值得注意的是許多雲都含有過冷水，水滴溫度其實低於冰點。在過冷水水滴的雲層內，當飛機穿越其中時，可能會突然發生冷卻，特別是機翼上，或水滴通過螺旋槳時。這樣的變化可能足以讓水滴開始結冰。當冰晶在雲中某處開始形成，就會發生稱為「白吉龍過程」（Bergeron process）的骨牌效應，周圍的水滴也會藉此成冰。比較重的冰晶接著會開始從雲底掉落。這說明了為何會可在洞的下方看到這道雲流，卻無法完全解釋洞本身的形成原理。當水滴在白吉龍過程中從液態水變成固態冰時，會放出少許的熱，讓空氣擴張並稍微上升，轉而導致周圍的空氣下沉。接著雨幡周圍的下降氣流會先加溫，水滴才會蒸發，形成稍微透明的圓形或橢圓形雲。

圖‧穿洞雲

💡最罕見的雲

　　有些雲比一般雲還罕見,在這個段落中,我們著重於三種非常幸運才能看到的雲,以及一些根據天氣現象才會出現的雲。所有條件都要水到渠成,它們才會出現,因此非常與眾不同。依我們所見,這些雲的罕見程度更加凸顯了目擊時的特別與美麗。

乳房 (Udders)

　　乳房狀雲(mammatus)是非常獨特的雲,外觀看起來

像是雷暴儡人的積雨雲下方或側邊有一處鼓起。其拉丁名「mammatus」，翻為「乳房」或「胸部」的意思。你一看到這種雲就知道為什麼要這樣稱呼了。乳房狀雲只會與積雨雲一起形成，因為需要有最狂暴的上升與下衝流。我們已經知道，你所看見的雲是空氣上升、冷卻和凝結產生水滴，所形成的產物。不過，因為積雨雲的空氣會劇烈往下移動，空氣和溼氣被迫突出雲底，便造就了乳房狀雲會有的鼓起或雲小袋。

圖・乳房狀雲

　　如果你注意到有一團積雨雲已形成乳房狀雲，代表空氣極不穩定，接下來極可能會出現狂風驟雨，甚至冰雹，伴隨著閃電和打雷。你可能會想凝視眼前美麗的景象，但肯定很快就得找個地方躲！

貝母雲

　　大多數從地平面形成的雲（也稱為霧），至高達20公里（3萬5,000英尺），即是對流層。但有一種罕見的雲可以在更高的平流層之處形成，嚴格說來會稱它為極地平流層雲（Polar Stratospheric Clouds, PSCs），但是最常見的稱號則是貝母雲（Nacreous 或 Mother of Pearl clouds）。如正式名稱所示，貝母雲在平流層形成（約5萬英尺以上），但一般而言此高度太乾燥以至於無法產生雲，因此最有可能出現在極區上方，不過如果冬天緯度稍低的英國高層大氣夠冷，也有可能看到。少數情況下當高層大氣夠冷，甚至連低緯度地區的冬天也能看見貝母雲。這些鮮明虹彩雲的影像曾在2017年1月登上英國報紙頭條，攝於昆布利亞（Cumbria）。有人認為北極平流層上方極寒冷的天氣狀況已往南方偏移，導致貝母雲開始在更南邊的地方形成。這種情況下，貝母雲真的會在暮光之際、太陽剛下沉到低於地平線時變得活躍。跟莢狀高積雲一樣，貝母雲是波狀雲，只是是由非常冷（約零下80℃）的冰晶組成。如果想要看到這種美麗的虹彩雲，貝母雲需很薄，內部的冰晶要很小，且大小都差不多。光繞射（光彎折繞過物體）時，陽光會穿過雲層並散射成不同顏色，肥皂泡泡表面就能看到類似的現象。

克赫波狀雲

　　克赫波狀雲（Kelvin-Helmholtz Cloud）可能是最罕見的雲型之一。只要看到天空出現彷彿沖往海灘的碎浪就是克赫波狀

雲，稱為克赫波，是以克耳文（Kelvin）勳爵及赫爾曼‧馮‧亥姆霍茲（Hermann von Helmholtz）為名，兩位都是研究大氣穩定度物理現象的學者。這些碎浪的形成原理有線索可循：不穩度。當大氣中的兩層空氣以不同速度移動，兩個不同流體間會產生速度差，這樣的差異造成不穩度，移動速度較快的空氣會被「捲上」雲層頂端，進入這些滾轉波的構造中。此時，你可能會看到天空有一整條波浪碎開。

同樣的變化過程也會發生在海面。風吹過移動較緩慢的水域時，導致克赫不穩度（Kelvin-Helmholtz instability），造成波浪形成。如果大氣中的條件適合克赫波狀雲生成，很容易就能認出，因其不尋常的形狀與其他種雲差很多。雲的底部會與頂端的破碎雲平行。這種雲通常不持久，因此一看到就要快點拿出相機或手機才來得及捕捉它們的身影。

曙暮光　(Crepuscular Rays)

一束束陽光穿過雲層觸及地面時，會對雲景添加驚艷的效果。此現象在破曉或日落時分、天空中散發橘光時較常發生。

當你看到這些光景穿過部分雲層，有些人常稱之為「上帝光」或「上帝的手指」，當作某種來自天堂的指引。事實上，那是另一個氣象學上的光幻視，因為當一束束陽光在雲層之上聚集成一點時，兩者實際是平行的。站在高處往下看筆直的道路或鐵軌時，也會有明顯匯聚的光幻視，離你比較近的這段看起來比較寬，愈往地平線看起來則愈窄。從空氣分子、灰塵和水滴散射的光，也會增添幻視效果。空氣中的微粒傾向散射短

波長的藍色，讓你只能看到光譜中黃色或橘色的那端。

圖‧曙暮光

反曙暮光

　　見到的機率更難一點，但一樣有趣的是反曙暮光（Anti-Crepuscular Rays）會與曙暮光同時發生，不過是在水平面上太陽的對側，稱為反日點（anti-solar point）的地方。此時一束束的陽光看起來匯聚在地平線上，而非雲後方。因為缺乏光，光束看起來很淡，難以被人察覺。

什麼是威烈威烈風？

　　你可能想問為什麼這本書有一段專門談威烈威烈風（WILLY-WILLY）的段落，跟天氣有什麼關係？先讓我們吊個胃口，因為這是澳洲人為一個塵捲風取的名字。實際上塵捲風在全世界有很多種說法，「威烈威烈」這個名詞來自英國的原住民神話，意思是「靈性組成」。

　　威烈威烈風是什麼？它們看起來像龍捲風，但重點是它們並非龍捲風，破壞力也遜色許多（雖然有些依然很強勁）。與龍捲風的相似之處只有兩者都是縱向風柱的天氣現象。但是你需要借助超級核胞之力，雷雨才能讓龍捲風從雲層底部浮現，塵捲風似乎不需要任何雲，直接就能從地面現身。能看得到它們，是因為旋風帶起粉塵，並運送到天空中。

塵捲風是怎麼形成的？

　　塵捲風有個關鍵成分是粉塵。不難想像它們最常在沙漠或半乾燥區等地面非常乾燥的地區形成。某個炎熱的日子，乾燥的地面可能非常溫暖，就會開始形成強力的上衝流。當空氣上升，會繞著垂直軸旋轉，上升到更高處時，空氣會開始延展。就像花式溜冰運動員會伸展手臂讓自己轉得更快，旋轉的空氣也會增強。這個旋轉空氣的「漩渦」會攜帶粉塵，即為塵捲風。只要熱空氣持續衝入旋轉漏斗的底部，塵捲風就會持續，有時候還會增強。熱空氣會隨著高度上升而冷卻，降回地面，使漏

斗形得以維持。無可避免的是,當熱空氣的可用度削減,隨著較冷的空氣被吸入漩渦內,塵捲風很快就會消散。

　　塵捲風直徑通常只有幾英尺,且延伸到空中幾百英尺處。它們的風速可能達到近每小時 40 ～ 50 英里,因此不太會造成嚴重破壞。不過,偶爾會有較大的塵捲風,發展到直徑約幾百英尺,且上升到空中 1,000 英尺。這種較罕見的情況下,風速可高達每小時 60 ～ 75 英里,持續時間也較長,此時房屋可能遭受重創,有些塵捲風甚至會造成民眾受傷。

圖・塵捲風

雪捲風

　　不必是氣象學家也能解釋雪捲風(Snow Devils)或「雪龍捲」(snownado)的原理,它們看起來與塵捲風非常相似,

只是挾帶雪。我們要提醒一下，即使此天氣現象的名稱有部分取自龍捲風，但卻無法歸類為龍捲風。雪捲風是從地面延伸而出的另一種空氣與雪的旋轉漩渦。這種天氣現象相當罕見，相機拍到的觀測畫面寥寥無幾。形成時的氣象過程，比塵捲風稍微複雜一些，需要非常精確的條件才能形成。

旋轉漩渦一樣是地面附近的上衝流造成，但是跟塵捲風不同，塵捲風的上衝流驅動力是地面空氣受熱上升所致，雪捲風的驅動力則導因於地面上方比較冷的空氣柱。意思是地面比較溫暖的空氣與上方較冷空氣間產生溫度差，促使地面空氣上升。但是要目擊雪捲風，還需要低層大氣有一些風速或方向會隨高度改變的風切，這會使空氣旋轉，且隨著粉雪上升，旋轉的空氣柱變得明顯可見。雪捲風只會持續非常短的時間，跟塵捲風一樣，幾乎不會造成破壞或傷亡。

火捲風 （Fire Devils）

你知道嗎？上述旋轉空氣柱假如發生在火場，可能就會看到眾所周知的火捲風或「火龍捲」（firenado）。這是非常戲劇性的灰與火漩渦，讓猛烈大火的兇猛程度更上層樓。此情況下，是地面火的劇熱（溫度可達 1,000℃）造成猛烈的上衝流。因為地面產生的熱比塵捲風還多，火捲風的漩渦通常更緊密、更猛烈，衝往空中的高度更高。此狀況最有可能發生在野火時，通常風會更強勁。火捲風加上火風暴本身形成的強風，會產生大量風切，有助於漩渦生成。

圖・火龍捲

💡 北極光

也許你夠幸運，已親眼目睹北極光（Northern Light）。但我們之中許多人可能會將之列於人生願望清單，對西蒙來說肯定是！（克萊爾很幸運，她已經看過了。）綠色、紫色，有時還有紅色的光束在夜空中舞動，看起來十分魔幻。

　　北極光的正式名稱為「Aurora Borealis」，絕大多數發生在北極圈。不過南半球也有一樣的天氣現象，稱為南極光（Aurora Australis）。嚴格說來，北極光與南極光兩者並無差異，但是你會發現北極光較受歡迎。我們能推導出一個事實，北極圈附近的陸地比較多，所以前往北極人口密集區看見北極光的機率高很多。在南極圈附近只有南極洋，除非南極光往北延伸進入紐西蘭、阿根廷或福克蘭群島，否則沒有任何機會見到南極光。

到底什麼是極光？

　　極光是帶電粒子（含括來自太陽的電子）與地球磁場及大氣之間交互作用所致。地球磁場十分複雜，但簡單說，我們知道其原理非常類似兩端在地球南北極的磁鐵棒，磁場會從兩極流出並延伸至太空。太陽表面有大量電漿爆發，噴出帶電粒子陣風。如果地球剛好位於這些粒子的路徑上，磁場會吸引這些粒子，並形成電流流向兩極。

　　當數十億高帶電太陽粒子進入地球增溫層與中氣層的高層大氣（高度為 80 ～ 640 公里），會與大氣氣體碰撞在一起。這樣的交互作用會激發這些氣體，發射出光子（光形式的能量小爆發）。這些光子能量充足時便會釋放出來，我們就能看到天空中有北極光舞動。肉眼所見的不同顏色，取決於當時存在的氣體類型，這會受到極光高度的影響。

　　最常見的極光顏色為綠色與紅色。這些顏色是大氣中的氧氣分子造成。大氣高空約 90 ～ 100 公里處的氧氣，會發散出

我們眼中所見的鮮明綠色與黃色。更高處的氧氣（約大氣層中 320 ～ 350 公里）因受到太陽電子激發，會呈現紅色。氮氣分子也會受到激發，光子釋放會發出紅色與紫色的光。當然，你可以看到深淺不一的綠色、黃色、紅色與紫色，取決於極光的能量多寡，以及光的波長如何彼此調和。雖然肉眼即可看到極光美妙的顏色，若是熟知正確攝影術的人，還能運用相機設定，更清晰地捕捉不同波長的顏色。這也是有時極光的照片看起來比親眼所見還要更戲劇化的原因。

哪裡可以看到極光？

我們已經確認可以在南極洋附近看到南極光，但是可探訪的陸地位置比北半球還有限。根據經驗法則，離北極圈愈近愈有機會。不過意思不是說無法在歐洲和北美緯度較低的地方看到，一切都取決於太陽風的強度。南北半球的冬天，都是最適合的觀賞月分，因為此時期夜晚較長，捕獲極光的機率高很多。在北半球，極光觀賞季節一般是從 10 月至隔年 5 月，且需要前往非常暗的地點。城鎮裡任何光害都會全面減弱看到極光的效果。

極光可以預報嗎？

當然可以！極光非常容易受到太陽噴發的帶電粒子影響。過去十年來我們對太陽，當然還有整體太空的理解與監測已大幅成長。衛星一直都指向太陽表面，因此科學家可以監測

太陽活動。這些衛星之中，其中一個稱為先進成分探測器
（Advanced Composition Explorer, ACE）的衛星，位於地球向
太陽約 150 萬公里遠處。這個探測器會即時監測太陽表面有
無日冕物質拋射（Coronal Mass Ejections）、太陽閃焰（solar
flares）與地磁活動（geomagnetic activity）。觀測太陽出現日
冕物質拋射後，太陽風可能要 1～3 天才會抵達地球。太空天
氣預報員可依此時限計算並預期極光發生的時間。太空天氣預
報員會用一種預測方法推算抵達地球大氣層的地磁活動強度指
數，稱為 Kp（行星）指數。即利用好幾項觀測資料可即時監
測此指數。Kp 指數是 0（非常安靜的活動）到 9（強烈風暴）
的量表；數字愈大，在緯度較低地區看到極光的機率愈高。以
下圖為例，Kp 指數為 5 的風暴，強度足以讓我們有機會在北
英格蘭與威爾斯這麼南邊的地方看到極光。另外值得注意的
是，Kp 指數愈高，對通訊與電力網路造成其他影響的機率也
較高。

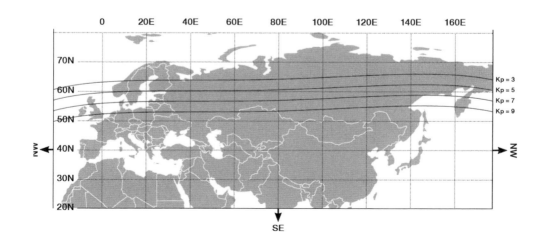

💡 水龍捲

　　水龍捲（Waterspouts）看起來很像龍捲風，只是出現在水上。但也沒那麼簡單，雖然有些水龍捲具備龍捲風特徵，但是最常被目擊的水龍捲正是所謂的「晴天」水龍捲。總之，無論是水平面、前方厚厚的雲層，還是把兩者連接在一起的駭人旋轉空氣柱，看起來都不同凡響。因為水龍捲是在水上形成，往往不會造成太多破壞，除非你剛好身處航行中的船上，船體較小，且不幸地會處在它們移動的路徑上。偶爾，水龍捲會在水上形成後往陸地移動。如果是這樣，災害可能很顯著，但是要演變成「陸龍捲」（landspout）或「龍捲風」，則端看其最初的結構。

晴天水龍捲

　　最常見的水龍捲為晴天水龍捲（Fair Weather Waterspout）或非龍捲型水龍捲，會如此稱呼是因為它們不是由活躍的積雨雲形成，跟龍捲風不一樣。這些水龍捲往往非常長又細，風速不到每小時 60 英里，基本上不會持續超過 15 分鐘。這種水龍捲的特性與塵捲風、火捲風或雪捲風非常相似，因為都是先從表面開始，再以包含水（更準確的說法是水蒸氣）的漏斗狀空氣往空中攀升。晴天水龍捲主要在熱帶與亞熱帶形成，從 8 月至 10 月，海面或水面溫度最高時。大氣中需要有大量溼氣，常是發展中的積雲提供它們形成條件。如果有些冷空氣通過較

溫暖水面且上方有一層溫暖空氣，那麼一切會變得不穩定，你會看到一些來自局部風的上衝流和旋轉風流。水面上會出現一個黑點，接著進一步發展，開始出現一個噴霧環（spray ring）。海噴霧會在這裡從海面上升，並繞著黑點旋轉。如果天氣條件依然適當，有一柱旋轉空氣會往更高空上升，最後碰到上方的雲。漏斗看起來中空，外有水蒸氣環繞，看起來極富戲劇性，因為晴天水龍捲像蛇一樣從水中竄入雲中。由於外觀的關係，很多人認為水龍捲是由繞著漩渦的海水旋轉構成。不過並非海水，其實是凝結的大氣水（atmospheric water），也就是雲。很快地，添入的溫水會消失，漏斗與噴霧環消散。晴天水龍捲通常不強，但有些還是可能長得很大，對倒楣、剛好在該區域航行的船隻或飛機造成危害。

龍捲型水龍捲

　　一如其名，這類水龍捲比較大、破壞力更強，形成方式跟正常的龍捲風一樣，是由大型積雨雲或超級核胞風暴系統提供雲層底部形成漏斗所需的旋轉。如同正常的龍捲風生成，漏斗會向下延伸，隨著非常強勁的風長得更大。最後，漏斗雲會碰到水面，形成有明顯噴霧環的龍捲型水龍捲（Tornadic Waterspout）。雖然你不希望被捲入任何水龍捲之中，但這種水龍捲破壞力特別強。它們往往比較龐大，風力較強，有可能高達每小時 150 英里，很容易就破壞船隻或任何剛好在水上的物體。龍捲型水龍捲最讓人擔憂的是它往陸地移動。這時候，它會變成正常的龍捲風，對房屋和居民造成大規模傷害。

圖‧龍捲型水龍捲

魚蛙從天而降
(Raining Fish and Frogs)

　　有些比較大的水龍捲可能強到可以吸出海中或湖中的魚，有時甚至還會捲入青蛙。如果發生這樣的狀況，而水龍捲又往陸地移動，消散時龍捲裡的魚就會落到陸地上。已經有一些實證案例指出，大家對街上突然出現離水的魚感到困惑。如果水龍捲特別強勁，可以把青蛙、魚這些野生動物往上捲入水龍捲，進入上方的雲層中。進入雲層後，牠們會被雲層中的上衝流夾住，停留其中更久。當雲層向岸上移動，有時甚至移動到內陸好幾英里，直到引力接管，魚或青蛙就會「從天而降」。

布洛肯光

　　大氣現象與光學常帶給我們迷人又美麗的天氣效應，但有時候也會產生有點毛骨悚然的景象。布洛肯光（BROCKEN SPECTRE）這個詞，在 1780 年由經常攀登哈茨山（Harz Mountains）的德國自然科學家首次提出。他攻上布洛肯山（Brocken）的最高峰時，在霧中看到一個鬼影，其有彩色環暈，像彩虹一樣，朝向遠方，他稱之為「布洛肯的幽靈」。但那完全不是幽靈，其實是觀者的影子投射到山頂的雲或霧上，投射後的影子通常會放大。要發生此現象，太陽須位於人的後方，並照出影子，就會在周圍產生所謂「聖光」（glory）的亮光與彩色環。聖光基本上是陽光反射到霧或雲的水滴上。聖光形成的確切物理原理非常複雜，我們不想用繁複的細節把你搞得頭昏腦脹，只需要知道是你身後的陽光（記得是白色的）碰到水滴，接著水滴內的光反射與散射回到你的眼睛，成了眼睛所見的明顯藍色、綠色、紅色與紫色環。搭飛機時坐在窗邊位置往下看雲層，也能看到聖光。假如你背向太陽，下方有雲，飛機的影子投射到雲上，其周圍就會出現聖光。

極致的日出與日落

　　迷人的天氣影像是天氣報告中重要的一環。尤其是我們每天展示，用來解釋天氣故事的觀眾投稿照片。英國廣播公司

（BBC）有個「天氣守望者」俱樂部，每天都會發送美麗的照片。最受歡迎的照片是散發深粉紅色、紅色與橘色的日出或日落景象。

　　要了解造就美麗日出或日落的條件，得先討論其鮮豔的顏色。來自太陽的光含有光譜所有顏色，全部結合在一起就是白光。當白光通過大氣，冰、水滴與氣體分子會把白光散射成不同的顏色，每一色的波長都稍有不同。藍色的波長短，散射程度高於波長較長的顏色。意思是來自太陽的白光全部散射到天空中，在人眼中看起來就成了藍色。

　　日出或日落期間，來自太陽的光必須穿過更多大氣才會進入我們的眼睛。意思是散射白光的氣體分子、冰與水滴比較多。光譜藍色的部分被散射掉很多，導致只剩大塊的紅色、橘色、黃色與粉紅色進入我們眼睛，就是日落與日出看起來比較紅的原因。

什麼因素讓美麗的日出變得無懈可擊？

　　有個因素顯然非常重要：天氣狀況。如果雲量或降水很多，通常看不到太陽時，也沒辦法看到非常完美的日出或日落。擁有連續的向東景色（要觀賞日出的話）或向西景色（要觀賞日落的話）也很重要。有一些最美的日出與日落發生在海岸，太陽上升或下沉時都能清楚看到海平面。海也能當做鮮豔色彩的反射鏡，提升整個畫面。同樣地，前往高地也能看到連續的地平線景色。

　　雖然你不希望太陽一出場就被厚重雲層擋住，但是想看到

絕美的日出或日落，天空中有點雲會有幫助，尤其是高卷雲或高積雲。這種雲主要由冰晶組成，可以反射出較多其下方的紅色與橘色，看起來就像整片天空都著火了。

我們可以預測完美的日出或日落嗎？

「晚霞牧人喜，朝霞牧人憂」這句諺語最初出現在《聖經》，目的是要提醒牧羊人預期的天氣徵兆。但這句諺語的確有其道理，因為在英國，天氣系統通常來自西邊。因此，如果太陽從東方升起，照耀在從西邊飄來的雲，我們就會看到鮮紅色，提醒我們有天氣系統正在靠近；如果在傍晚看到紅色天空，代表西邊正在下沉的太陽照耀往東方飄走的雲，所以可期待隔天天氣晴朗。

要預測什麼時候會有美麗的日出或日落，我們可以利用這句諺語的某些元素。例如，假如我們知道有個天氣系統正在靠近，那麼可能也會有漂亮的日出。我們也能預測天空何時會有大量卷雲或高積雲，這些雲能凸顯絕美的日出或日落。

灰塵與汙染呢？

大氣中的汙染有時反而能強化日出或日落的鮮豔度，不過，這取決於大氣中的汙染類型。如果汙染微粒夠大，則會吸收比較多光，模糊了顏色，使得一兩個顏色看起來不那麼鮮明，例如說你有時期待紅色或粉紅色的光能渲染美麗的日出或日落，卻不盡人意。事實上，在白天也是如此。如果空氣中有

大量汙染，天空看起來會是霧濛濛的灰白色，而非空氣清澈時所預期的鮮藍色。

灰塵的作用也非常相似，因為它們通常是相當大的粒子，不會像水蒸氣與冰晶一樣散射出顏色。但是灰塵可以讓天空變成紅橘色。時間回到 2017 年 10 月，奧菲莉亞颶風（Hurricane Ophelia）移動到英國西部與愛爾蘭，與此同時，它從撒哈拉沙漠挾帶大量塵土，以及葡萄牙與西班牙猛烈野火產生的煙霧。粒子愈細密，散射愈多藍光，讓我們眼睛只看得到紅色與橘色，幾乎跟日出或日落的顏色一樣，只不過是發生在中午。當時英國上空的紅太陽毫無疑問地引起廣大關注，還出現預言世界末日的天象傳說。

身處數位時代，我們注意到被人們拍攝並在社群媒體上分享的天氣現象多了許多。我們很著迷於目擊天空奇異又出色的景象，無論是奇怪的雲或光幻視。身為氣象學家，民眾不明就裡拍攝古怪又罕見的現象讓我們很開心，這樣就有機會深入解釋並分享我們對這些事物的迷戀。從遠古時期就會用預言描述大氣現象或文獻記載的天氣諺語，都在在顯示人們對天空與天氣抱有相當的好奇心。現今我們對天氣現象背後的科學原理有更深入的了解，但依然會對這些奇異又美妙的事物感到驚奇。

第七章/

氣象、空間與行星的影響

💡其他行星的天氣是什麼模樣？

　　各行星的天氣取決於諸多因素：繞行太陽的軌道形狀、與太陽的距離、日照長度、行星傾角（較斜的話，整個星球的天氣變化較大），以及行星大氣（或可能沒有）。對遙遠的冰巨行星（ice giants）、天王星與海王星而言，它們內部的熱量也會推動地表以外的循環型態。

水星

　　水星（Mercury）是證明距離太陽最近對環境沒什麼好處活生生的證據。這個平凡無奇的灰色星球，在太陽系中體型最嬌小，稀薄的大氣層無法捕獲任何熱。意思是沒有雲、雨，也沒有風，溫度極端：白天灼熱，夜晚嚴寒。水星旋轉速度極緩慢，意即太陽每 176 個地球日才從水星地表升起。不同的是，水星繞行太陽的速度飛快，88 個地球日就能繞行一圈。

水星儀表板

與太陽的距離：5,790 萬公里	質　　量：0.06 個地球
日 照 長 度：4,222.6 小時	衛　　星：0 個
傾　　　角：0°	天　　氣：與月球相似，因為
平 均 溫 度：167℃	大氣層非常稀薄　而
大　氣　層：極稀薄	沒有天氣系統

金星

　　金星（Venus）與太陽的距離比水星遠，但它是太陽系最熱的行星。從氣候的角度來看，金星看起來有失控的氣候效應，及很厚的二氧化碳大氣層、令人困擾的吸熱酸雲，這是全球暖化的極端表現。狂暴的風環繞金星高空呼嘯，使得黃色與白色的雲持續移動，掩蓋了星球表面。金星自轉軸自轉速度非常慢，是所有行星中最慢的，因此太陽每年只升起兩次。另一個奇特之處在於遲滯的轉動是順時鐘轉動，使得行星幾乎呈球形。其一年時間比地球短，軸心約傾斜 3°，整個地表的天氣狀況只有輕微變化。

金星儀表板

與太陽的距離：1 億 810 萬公里	大 氣 層：非常厚
日 照 長 度：2,802 小時	質　　量：0.8 個地球
傾　　　角：3°	衛　　星：0 個
平 均 溫 度：464℃	天　　氣：非常熱，極端的全球暖化

地球

　　地球是我們所知唯一有生物存在且萬物欣欣向榮的行星。這是因為地球籠罩一層可以維持生命的大氣氣體混合物：氮氣、氧氣、氫氣、二氧化碳、水蒸氣與其他微量氣體保持微妙的平衡。在大氣的天氣製造層之上，還有薄薄一層臭氧，讓我們免於有害的紫外線照射。大氣層之下，陽光接觸到地表時會

轉變成熱，空氣得以上升與沉降。這些高低氣壓帶永遠在移動，產生相應的乾燥與潮溼天氣。熱與溼氣會透過風與海洋型態的網絡，跨越好幾千英里重新分布，調節極端環境，促進有利多樣生態系統的條件。地球的 23.4°傾角，使地球終年有季節差異，全世界天氣狀況因此更加廣闊且多樣化。

地球儀表板

與太陽的距離：1 億 4,960 萬公里

日 照 長 度：24 小時

傾　　　角：23.4°

平 均 溫 度：15℃

大氣層：薄

質　量：5.97 X 10 ～ 24Kg
　　　　或 1 個地球

衛　星：1 個

天　氣：適合人類生活的絕佳平衡

火星

　　火星也稱為紅色星球（Red Planet），又稱為寒漠。火星某些方面跟地球很像，兩者都有冰冠、季節變化（因為傾角為 25°），也有顯著的天氣型態。火星距離太陽較遠，大氣比較稀薄，數十億年間氣候已發生劇烈變化，有些科學家認為火星過去曾經一度有水；但是火星現在顯現極端的氣候變遷，有大量二氧化碳，環境乾燥，無法保留太多水。它擁有冰與冷凍二氧化碳組成的南北極。星球表面的鐵含量賦予火星紅色的外觀，極橢圓的軌道和自轉軸傾角，導致天氣狀況有巨大變化，常出現猛烈的塵暴。火星的大氣層可能偏薄，但是充滿雲、風

與塵。溫度比地球低很多，但是整個星球的溫度範圍很廣，兩極溫度可以低至零下 125℃，不過在赤道附近白天卻能高達 20℃。

火星儀表板

與太陽的距離：2 億 2,790 萬公里		大氣層：非常薄	
日 照 長 度：24.7 小時		質 量：0.107 個地球	
傾 角：25.2°		衛 星：2 個	
平 均 溫 度：零下 20℃		天 氣：塵暴	

木星

　　木星是兩個氣態巨行星（gas giant）其中之一，在行星體型排行榜上位居第一，比地球大 11 倍。它也是轉速最快的行星，也就是說兩極比較扁，赤道隆起。模糊的木星環（Jovian ring system）由 3 條塵帶組成，但是相較於賦予木星獨特外觀、那猖狂的雲和風暴，這些塵帶顯得很不清晰。木星有氣體大氣層，位於不明確但是較緻密的內部上方。大氣層主要由氫氣、比例較低的氦氣以及其他元素組成。木星的溫度範圍很廣，雲層正下方平均溫度約零下 145℃，但是核心溫度推估約 2 萬 4,000℃；這是透過對流過程讓木星其他地區升溫的關鍵（上升熱能）。因為木星傾角只有 3°，所以沒有明顯的季節分際，但還是有猛烈的風暴。木星的天空是由厚厚的氨晶雲構成，這種雲是黃色、褐色與白色層層堆疊的橫向帶狀雲；顏色較深的

雲帶，大氣移動較少，雲帶顏色愈淺，代表空氣上升，不同雲帶交互作用，就會發展出風暴。最臭名昭彰的是大紅斑（Great Red Spot），一個風速超過每小時 400 公里（每小時 260 英里）的颶風。這個大紅斑的大小至少有兩個地球大，已經存在超過 400 年，已出現逐漸縮小的跡象。其他天氣現象還包括閃電與極光，所以說句公道話，與地球的天氣其實很相似，但是就跟木星的其他現象一樣，元素宏大許多，也強大更多。

木星儀表板

與太陽的距離：7 億 7,860 萬公里		大氣層：非常厚	
日 照 長 度：9.9 小時		質　　量：318 個地球	
傾　　　　角：3.1°		衛　　星：67 個	
平 均 溫 度：零下 145℃		天　　氣：烏雲密布有風暴	

土星

　　土星（Saturn）可能沒有木星那麼大，但一樣歸類為氣態巨行星。距太陽更遠，均溫零下 178℃。具行星環的行星有 4 個：木星、土星、天王星與海王星，不過土星的行星環是肉眼最容易看到的。此行星有四組冰環點綴，且有超過 62 個衛星，土星系統對科學家而言是迷人的研究主題。土星的天氣也很有意思，其極度傾斜的 27° 傾角，導致季節持續超過 7 年，不過它的日照時間是太陽系第二短，長 10.7 小時。土星有厚厚的黃色、灰色與褐色雲層，含有氨（上層）與冰（下層）。這幾

層雲會受到強烈噴射氣流與猛烈風暴驅使，繞行於行星之外。跟木星一樣，土星也有自己的巨大風暴點，該處風速可達每小時 1,000 英里，也有許多閃電。1981 年的航海家任務（Voyager mission）發現土星北極上方有橫跨 1 萬 2,700 公里的六角形雲型，在其他星球從未看過這樣的結構。這個迷人的液態幾何體與風為何存在，目前的疑問多於答案。

土星儀表板

與太陽的距離：14 億 3,350 萬公里		**質　　量**：95 個地球	
日 照 長 度：10.7 小時		**衛　　星**：62 個	
傾　　　角：-26.3°		**天　　氣**：風暴與閃電，風速	
平 均 溫 度：零下 178℃		高達每小時 1,000	
大 　氣 　層：非常厚		英里	

天王星（Uranus）

　　天王星是兩個冰巨行星中的第一名，因其大氣的甲烷成分而呈現藍、綠色。它也有一些模糊的行星環，時至今日有 13 個，是由塵土與較大的粒子組成。這顆冰巨行星的溫度是所有行星紀錄中最低的，下探零下 224℃。不過，由於溫度範圍比較廣，整體平均依然普遍高於太陽系最遙遠的星球——海王星。科學家認為極低溫源自天王星奇特的方位：它側轉，傾角角度非常斜，有 98°，且需 84 年才能繞太陽一圈。這也代表天王星在其漫長夏季與冬季的夜間之間，有數十年的永日，得以

在長時間內維持較廣的溫度範圍。天王星的內熱系統比木星與土星還弱，因此大氣動態明顯比其他星球還沉寂許多。但是，天氣系統會以冰甲烷雲帶的方式輪轉，由強風帶往整片大氣。偶爾也會在星球上出現黑暗的風暴點，至於形成的原因依然充滿謎團。

天王星儀表板

與太陽的距離：28 億 7,250 萬公里	大氣層：偏厚
日 照 長 度：16.1 小時	質　量：14.5 個地球
傾　　　角：97.8°	衛　星：27 個
平 均 溫 度：零下 195℃	天　氣：極冷，有強風

海王星

　　這顆冰巨行星距離太陽最遠，目前為止，其天氣是太陽系所有行星中最詭譎的。海王星（Neptune）上大部分濃厚氣團是甲烷、氨與氫的組合。有甲烷就會吸收紅光，並留下藍光，為海王星營造出獨特的藍色。充斥海王星表面的白點與短線外觀，是來自結冰甲烷組成的高雲。海王星有至少五個模糊行星環，星球由塵土與石頭構成，形塑出壯觀的景象；不過這是唯一一個無法從地球以肉眼觀測到的行星。海王星的自轉軸傾角為 28°，與地球相似，且跟我們的藍色星球一樣，這顆藍色的冰巨行星有週期性的季節或天氣型態變化。不過這些季節可持續超過 40 年，因為它要花上 165 個地球年才能繞太陽一圈。

地球的天氣與氣流是受太陽推動，海王星接收的陽光少了 900 倍，不過其有劇烈風暴、暗點與極端的風會主導其天氣變化。事實上，這個遙遠的星球是八個行星中最多風的，風速超過每小時 2,000 公里（或每小時 1,243 英里）。科學依然不斷拋出許多關於海王星天氣的疑問，有些科學家認為它的天氣不只是受到太陽左右，也許更受到外太空的銀河宇宙射線（galactic cosmic rays）或高能量粒子影響。

海王星儀表板

與太陽的距離：44 億 9,510 萬公里	大氣層：偏厚
日照長度：16.1 小時	質量：17.1 個地球
傾角：28°	衛星：14 個
平均溫度：零下 200℃	天氣：冷、暗，風大

地球的大氣層如何保護生物？

大氣層是維持生命的保護罩。要保護地球的生物圈與生態系統並使其得以存活，需具備關鍵的氣體組合。約 78％ 的大氣是氮氣，21％ 是氧氣，剩餘 1％ 由水蒸氣、二氧化碳與其他微量氣體組成。

單獨一層大氣層如何保護地球？

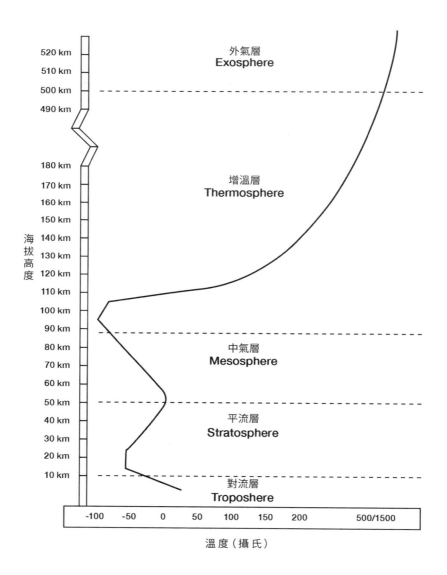

海拔高度

| 溫度（攝氏） |

圖・地球大氣層隨高度的溫度變化

對流層（Troposhere）

　　對流層是天氣製造層。總厚度約 13 英里（或 20 公里），最深處會碰到地球表面。這個關鍵的雲層透過熱循環與水蒸氣來調節溫度，並將水分配到整個地球，藉此可維持生命。對流層其中一項關鍵要素是溫度會隨高度增加而下降，使重要的水蒸氣凝結，產生雲與雨。雖然對流層的作用不似防護罩可阻擋來自太空的物體，但水蒸氣仍是自然的要角，此溫室氣體對調節地球熱度扮演重要角色，吸收射進地球的太陽輻射時，它或許沒那麼有效率，卻也能吸收地球表面重新釋放的紅外線（熱）輻射。

平流層（Stratosphere）

　　平流層與對流層會在對流層頂（tropopause）相遇，是兩者之間的分界線。在對流層頂，大部分天氣產物都會靜止。這是因為平流層有非常不一樣的溫度曲線，會隨高度增加愈來愈溫暖，延伸至距地表約 50 公里處，溫度從約零下 50℃ 上升50℃，在最頂端達到 0℃。意思是對流層頂端的空氣無法再上升進入平流層，因此平流層最低點是最冷的區域，這也是平流層極地漩渦（Stratospheric Polar Vortex, SPV）所在位置，對流層的力學作用導致了全球熱量與水分的分布，平流層極地漩渦則發揮自己的作用：在黑暗的冬日，於兩極上方發展，到 12月其底都不斷冷卻至最低點。推動兩極附近強風的嚴寒漩渦，可維持低緯度地區的溫度梯度，並提供能量給強勁的中緯度噴射氣流。就是這個噴射氣流把多餘的熱越過赤道往北送，緩和此地的溫度，如此一來即可將能量與溼氣送往整個地球。臭氧

層是平流層中最著名，且益處最多的部分，它在地球周圍形成一層防護罩；但其實它只含有不到 10 ppm（parts per million, 百萬分率）的臭氧（O_3），就已經比大氣其他部分還要更濃密。此層臭氧吸收了 97 ％～ 99 ％射入地球的有害紫外線輻射，也因吸收了太陽輻射才讓平流層變得更溫暖。

中氣層 (Mesosphere)

　　中氣層會迅速降溫到零下 100℃，導因為太陽輻射的吸收速率下降了。這裡的大氣極薄，且沒有臭氧，厚度偏厚，約 35 公里。中氣層是流星盛大演出的主舞台，此指撞擊到此層，並在觸及地球之前就燃燒殆盡的流星。因此，中氣層是一層防護層，可抵擋大部分從外太空掉落並被吸入地球重力場（gravitational field）的石頭與碎片。流星可以通過外氣層與增溫層，因為這兩層沒什麼東西會拖慢它們的速度，但幸好，中氣層有足夠的氣體可以讓它們慢下來。減速造成的摩擦力會產熱，而大多數石頭通常會崩裂並蒸發。不過並非每次都能成功抵擋，世界上許多大陸都有的坑洞地景足以證明。中氣層是數百萬生命獲救的原因，且可能每一年就救了這麼多。

增溫層 (Thermosphere)

　　緊鄰最冷氣層的就是增溫層，此處溫度可達 2,000℃。高溫的導因是該層吸收來自太陽的紫外線與 X 射線輻射。有意思的是，其位置偏遠，距離地球表面 100 ～ 1,000 公里，氣體成分使其成為動人極光的所在地，太陽的帶電粒子會在增溫層與氧氣和氮氣原子互相碰撞，產生不可思議的多彩光幕。

外氣層 *(Exosphere)*

從增溫層的邊界往上延伸 1 萬公里即為外氣層，這裡是進入外太空的通道，也是許多人造衛星的所在地。增溫層極高溫的特性影響這層大氣外殼，使得溫度範圍很廣，從 2,000℃到 0℃，此處晚上的空氣也最冷。大氣非常薄，但依然有微量氣體，如氧氣與二氧化碳。這是大氣受地球引力影響的最後地帶。重要的是，這一層是地球抵禦太陽輻射的第一道防線，也是與任何飛向地面的物體接觸的第一層防護罩。

💡 小行星是地球最大的威脅嗎？

史蒂芬・霍金（Stephen Hawking）在 2018 年出版的最後一本作品《霍金大見解：留給世人的十個大哉問與解答》（Brief Answers to the Big Questions），探討了他對地球莫大威脅之一的想法：小行星碰撞（asteroid collision）。我們完全沒有能力防禦，那可能也是 6,600 萬年前恐龍滅絕的原因。即使地球具備了不起的防禦系統，好幾層大氣都配有最優質的功用，但地面上的坑洞景觀實實在在證明太空的飛石（flying rock）的確會穿透大氣，有些甚至撞擊地面。衛星觀測顯示，每天有 5 ～ 300 公噸的宇宙塵（cosmic dust）進入大氣，鏡頭偶爾會捕捉到燃燒的碎片劃過天際。但先讓我們解說相關名詞：

小行星（Asteroid）：

太空中的大型石體，沒有任何大氣，但繞著太陽轉。此石體的定義是寬超過1公尺，偶爾會達上百公里。一號小行星（Ceres）是目前觀測到最大的小行星，直徑940公里。因為很巨大，現在被視為矮行星（dwarf planet）。位居第二的是灶神星（4 Vesta），大小約525公里。在火星與木星之間，是太陽系最密集的區域，也是小行星繞行太陽的主要地帶。普遍認為近地小行星（Near Earth Asteroids）最初就是從這個小行星帶偏轉而來的天體，在古柏帶（Kuiper Belt）和歐特彗星雲（Oort Cloud）存在大量小行星。

流星體（Meteoroid）：

太空中寬不到1公尺的石頭，稱為流星體。這些石頭或粒子小很多，會繞行太陽。它們經常與地球大氣碰撞。如果流星體進入地球大氣並蒸發，就變成流星（meteor，常以shooting star稱之）。地球的軌道經常與彗星尾巴的碎片相疊，射入的星體會成為閃耀的流星風景。這類彗星的軌道一致，如斯威夫特─塔特爾彗星（Swift-Tuttle），意即每年都能準確預測這些流星現象（如8月的英仙座流星雨）。

隕石（Meteorite）：

如果比較大的流星體或小行星通過地球大氣時挺得過火燒通道，就被稱為隕石。有上千顆隕石都沒有撞擊到地球表面，而是在低層大氣就燃燒殆盡，短暫點亮天空。偶爾會有一些重量不到500公斤的太空石頭碎片

撐過這趟旅程而撞擊地球，但幾乎沒有被發現。許多人曾目擊的重大觀測事件是大型隕石猛力撞擊地面時產生的震波。此效應能震碎窗戶，激起浪花，擾亂森林。不過，地球也曾遭受眾多較大型的隕石撞擊，產生巨大凹洞的地景；但這些是萬年難得一見的事件。

火流星（Bolide）：

非常明亮的流星，經常在大氣中爆炸，有時候會稱為火球。火流星進入低層大氣時會產生震波並造成衝擊。2013年2月，一顆估算寬18公尺的火流星，在劃過天際時爆炸，震碎了俄羅斯車里雅賓斯克（Chelyabinsk）地區的玻璃，造成1,200人受傷。

過去的撞擊證據

目前觀測到由小行星造成的最大撞擊坑是南非自由邦省（Free State）的弗里德堡隕石坑（Vredefort crater）。撞擊日期推估約 20 億年前，撞擊坑半徑 190 公里。地質學家花了很多功夫研究依然刻印在撞擊坑側邊的多環半緣脊，揭開撞擊的祕密。一般認為那顆小行星直徑為 5～10 公里，光這樣的大小，就足以讓小行星撞擊時產生巨大能量。雖沒有其他撞擊坑敵得過它，但是地球上還有許多令人印象深刻的撞擊坑。

墨西哥猶加敦州（Yucatán）的希克蘇魯伯隕石坑（Chicxulub crater），直徑 180～240 公里。在地質學時間軸上，這個撞擊坑還算年輕，推估是 6,500 萬年前的撞擊造成。有力的推論認為這顆小行星就是造成恐龍滅絕的元兇。很有可

能是這顆小行星撞擊時，震波傳送到地球的各個生物群系，揚起大量塵土與微粒，穿過大氣裹住整個地球，並激起巨大的海嘯，足以吞沒鄰近的陸塊。不過直到 1970 年代晚期，墨西哥石油公司的地質測量員到場勘查時才發現這個隕石坑。千年之後，原本深 900 公尺的希克蘇魯伯隕石坑已大致被填補，現在仍有幾公尺的凹陷。更近代的事件是 2018 年 12 月，觀測到一顆火球沒入白令海（Bering Sea）。衛星影像捕捉到這個瞬間，閃耀得像是「明亮的金星」，掩蓋了其所產生的 173 千噸強烈能量，比 1945 年的廣島原子彈爆炸還強 13 倍，它在地球上方 26 公里處爆炸。

如果一顆大型小行星撞擊地球，會發生什麼事？

　　計算結果顯示，大於 25 公尺，但小於 1 公里的小行星，會造成局部規模的破壞；大於 1 ～ 2 公里的小行星，則會造成全球等級的破壞。大型小行星撞擊最致命的後果是爆炸氣浪與震波。氣壓驟升會使人體器官破裂，而爆炸氣浪會把人捲起並夷平建築物與森林。其他破壞性結果包括劇熱、四處飛散的碎片、海嘯、地震，以及直接撞擊造成的坑洞與滅絕。就像太空中其他大型物體一樣，小行星也受到引力影響，因此它們有自己的軌道，使我們能預測它們的路徑。將近地天體（Near Earth Objects）編入目錄是一項巨大無比的任務，太空非常擁擠，且看起來似乎每十年就更擠。要以繞行於太空的其他碎片為背景描繪出近地天體，可說是海底撈針，但是天體物理學家

已取得大幅進展。

小行星突破地球大氣屏障
的頻率有多高？

　　大概每年都會有差不多車子大小的小行星衝破地球大氣層，因摩擦而起火，成了一團明亮的火球接著燃燒殆盡，或撞擊地面、海面。有時候，它們的確會造成衝擊。每兩千年左右，會有像足球場一般大的隕石撞擊地球，嚴重破壞該地區。推估約每幾百萬年，會有大到足以摧毀地球某個區域或發生全球性衝擊的小行星出現。現在愈來愈多專家表示這些估算還算保守，部分原因是地球的水比陸地多，合理來說在深海會造成更嚴重的衝擊。可能有許多藏在海面下的撞擊坑，已隨時間受到侵蝕和形變。另外，比較小的撞擊坑洞也可能在千年間風化、受侵蝕，或被火山噴發的火山塵掩蓋。這也是月球看起來比地球還要更坑坑疤疤的原因之一，碰撞的痕跡存留了幾百萬年。事實上，地球因為引力較強（本體較大，因此質量也比較大），吸引的流星體與小行星遠比月球還多。

引力如何影響地球？

　　引力是生命的先決條件。每個物體都會透過引力受到另一物體吸引。沒有這股力量的話，太空就會沒有組織，宇宙就沒

有任何如我們所知的物體存在。物體的質量決定了引力的強度，因此身為太陽系最大星體的太陽，產生的引力最強，會吸引其他所有星體。

月相（Moon Phases）

　　引力也受距離影響，兩個星體彼此距離愈遠，引力愈小，月球對地球潮汐的影響深遠便是這個原因。太陽與月球結合在一起，即可拉伸水體，取決於它們彼此的相對方位。觀測者看到滿月與新月，即知太陽與月球連成一直線。滿月完全暴露於太陽光之下，而當地球把全影投射至月球上，就會發生新月；兩者都是因為太陽與月球連成一直線對地球施予最大引力的關係。因為月球斜對著太陽而只有一部分月球受到光照時，引力比較弱。兩者對齊成一直線時，累積的力量十分強大，可以產生較高的大潮；兩者沒有對齊成一直線時，兩股力量相對抗，產生的引力相對較弱，造成較低的小潮。每年最大的潮汐發生在春秋分點（Equinox），此時太陽位於赤道上方，月球與地球對齊成一直線，因此春秋分點的大潮產生的潮汐規模最大。反之，至點（solstice）與小潮相符，產生的潮汐規模最小。

引力如何影響空氣？

　　引力是維持大氣層在適當位置的必要條件。失去引力，空氣會外洩到太空。引力會往下作用，這股往下的作用力正是所有大氣程序的本質。地球表面的空氣會受到其上方的空氣重量

壓縮，造成最靠近地面的空氣壓力高於高空。空氣會隨高度上升變稀薄，到了一定程度，人類便無法呼吸。

　　引力會受到局部效應挑戰。當太陽夠強，地表迅速溫暖，靠近地面的空氣會加溫，變得較不密實，因而上升；地面周圍區域的空氣會迅速填補上升的空氣，接著再次增溫並上升。此環境會產生自己的天氣，有時候有雲和陣雨，風會變大，溫度改變。這是氣壓比較低的局部區域，或換句話說，是空氣上升的一個區塊。當太陽下沉，空氣冷卻，空氣喪失能量和下降時，壓力就積聚於地面。氣壓的變化即是決定局部天氣狀況的關鍵因素，就跟其他大氣程序一樣，引力總是存在，但也經常受到挑戰。

第八章/

氣候科技

可以只靠手機應用程式或網站知曉天氣預報嗎？

　　在科技日益蓬勃的數位時代，我們愈發依賴智慧型手機和家中語音設備餵養我們所需的資訊。現在獲取天氣預報的資訊，比 1990 年代還要容易許多，在那個年代，我們得等新聞播報完畢才看得到天氣預報，或是要聽廣播、看報紙才能得知天氣概況。如今，24 小時放送的新聞全天候定時預報天氣，就算四處奔波，也能透過智慧型手機上的天氣應用程式，得知世界上任一小鎮或城市的天氣。

　　不過，我們還是時常聽到這樣的抱怨，質疑為何從應用程式或網站看到的天氣，看起來每個小時、每天都在變動？要完全解答這個疑問，得先明白天氣預報是如何產生。要預報未來的天氣之前，需要先澈底釐清全世界目前的天氣。可以透過地面觀測的溫度、風、壓力、溼度與雲量，了解目前天氣狀況。將天氣氣球釋放到大氣層中，收集地面至大氣層頂端這段空間的資料。航空器、海洋浮標、船與衛星，也會收集巨量的氣象數據。事實上，每天全世界都能蒐集到數百萬位元的天氣資料，並傳送到各大氣象預報中心，如英國氣象局、歐洲中期天氣預報中心、日本氣象廳及美國國家氣象局等。為了將這些觀測資料轉換成預報，科學家推導出數學公式和電腦程式碼，用來定義空氣如何活動並形塑世界各地的天氣。這套系統稱為數值天氣預測（Numerical Weather Prediction），不僅會運用複雜的物理學與數學，還得具備巨量的運算能力。全世界各大天

氣中心都有自己的「超級電腦」，能從每秒計算一千萬億次的數據中，處理上百萬筆觀測資料，彙集成預報。統整結果就成了幾小時至幾天後的天氣預報。

　　氣象學家也會使用不同類型的天氣模型，有些可以給我們一個確定性的天氣預報解決方案，有些則是提出 50 種不同的解決方案。系集（ensemble）是根據稍微改變初始條件，觀察這些改變會對幾天後的預報造成什麼影響。這項工具很有用，可以讓我們知道預報的準確性或機率。如果 50 份天氣預報都相似，那就表示完全一致，對天氣預報更加肯定，但是如果 50 份預報結果都不同，則可以說我們對該預報沒有太大信心。

　　天氣預報是複雜的學問，遠遠不僅是精密科學，但是隨著過去 30 年來科技和知識日益發達，在英國，4 天的天氣預報已經如 1980 年代的單日預報一樣準確。至於天氣應用程式則有各式各樣不同類型，都是從不同來源蒐集資料，各個應用程式有各自呈現資料的演算法。有些應用程式會顯示少至每小時、多達 5 天後的天氣預報；有些則是提供每日預報，持續到 20 天後；有些只會顯示一些天氣要素，另一些則會顯示所有氣象資料；有的會告訴你降水的機率，有的則不會。有些天氣應用程式有真人預報員負責資料的品質管理，有的則是直接擷取電腦模型的資料。

　　不同的天氣預報應用程式顯示的資料會稍有不同，即使只是 12 小時後的預報也一樣，而且似乎每小時都在變動。這是因為這些應用程式採用的演算法也會在每個小時蒐集資料，嘗試「調整預報」，跟轉頭看看窗外發現外面的世界比電腦預報模型建議的還要更晴朗、潮溼或乾燥，是一樣的道理。這些都

可能影響接下來 6 ～ 12 小時的預報內容，隨著演算法更新資料，應用程式上顯現的天氣符號也可能改變。在英國，主要的預報模型每 6 小時會重新運算，所以你可能會發現每 6 小時的預報內容會有較大幅度的更動，尤其針對 2 ～ 5 天後的天氣，當預報模型的起點發生些微變化，就可能造成終點有比較大幅度的改變。

我們可以控制雨嗎？
何謂種雲（cloud seeding）？

　　幾世紀以來，人類已透過若干方式嘗試控制天氣，無論是試著阻止颶風摧毀群落、第二次世界大戰在同盟國除霧、在滑雪度假村造更多雪，或用人造雨協助解決乾旱及農業問題。操控天氣並不容易，目前為止，成功率與經濟價值也不是特別突出。不過，造雨被視為其中一種值得投資的天氣改造。

　　最早嘗試造雨的幾個實例是在美國。19 世紀時，有商人聲稱他們可以造雨。當時因農作物深陷乾旱所苦而絕望無助的農夫，付錢使用這些造雨服務。不過十之八九拿不出信譽良好的科學實驗，這些江湖郎中收了錢就前往下個鎮，找下一位無戒備心的農夫。他們很快就放棄了，但是從那時候起，就有人致力於操控天空以產生雨。

　　關於造雨，穩健的科學實驗最早出現在 1946 年，美國科學家文森・雪佛（Vincent Schaefer）博士嘗試在「雲艙」裡

製造人造雲。他在其中一項造雲實驗中添加乾冰，發現艙內的水蒸氣增加並形成雲。冰提供了核，那是一個種子，讓水滴可以附著其上。在大自然中，大氣中的冰、塵、鹽或沙會發揮實驗中這些種子的功用，氣象學家稱它們為雲凝結核（cloud condensation nuclei, CCN）。背後理論是如果可以增加雲中的雲凝結核，就可以促進更多水發展，因此能降下更多水。

種雲法很快就獲得政府關注，尤其是軍方。他們開始自行研究，嘗試為了軍事效益而造雨。1950 年代初期，英國國防部開始參與天氣改造的實驗。英國廣播公司廣播網第四頻道的調查發現，1953 年 11 月，航空部會議的解密備忘錄資料顯示，軍方對於以人為方式增加降雨和降雪很感興趣。這項改造的用途包括「使敵軍的行動陷入困境」，並「少量增加河川水流量，以妨礙或阻止敵軍渡河」。該實驗是由英國皇家空軍主導，稱為「積雲行動」（Operation Cumulus），本質上的做法是在雲中灑入乾冰。

1952 年 8 月 15 日，德文郡的林茅斯（Lynmouth in Devon）遭受當時最慘烈的一場暴洪事件：洪水、泥流和石頭吞噬村莊，造成 35 人死亡。那時普羅大眾認為這只是一場可怕的天然災害，而這樣的信念多年來都未遭受質疑，直到英國國防部的解密文件及英國廣播公司調查指出，積雲行動的實驗，正是那一週在林茅斯附近進行。文件也指出，因為那場災害的關係，積雲行動很快就中止了。雖然關於種雲是否會增強降雨還有一些爭議，但是英國廣播公司揭露的文件顯示，航空部與財政部都相當焦慮不安，也清楚知道造雨有可能引發災害，不只會傷及軍事目標與人員，也會連累到平民。

為什麼我們會想要種雲？

　　如果所有實驗都迅速地停止，不禁讓人想問，為何種雲技術這麼重要？除了前面提過的軍事優勢之外，只要降雨不足，農業生產就會陷入困境，如果農夫的作物無法獲得充足水分且歉收，生計就會毀於一旦。這也是美國農夫在 19 世紀為了增加降雨量而熱切地付錢給商人的原因。即便是今日，長期乾旱時，農業依然深受其苦。不過現在全世界居住於沙漠地帶的人口愈來愈多，如阿拉伯聯合大公國，這樣的地方顯然沒有足夠的水可供不停增長的人口使用。種雲相關科技過去十年來已改良許多，成為一大商機。雖然很難準確地說種雲之後，一朵雲能再產出多少雨量，但是據估算每次降雨可增加約 15％～30％雨量。最近雖然已經可以有效在特定區域製造更多雨，但是也有些情況是利用種雲讓特定區域保持一段時間乾燥。2008年就發生此類案例，在北京奧運開幕典禮期間，主辦單位強烈希望天公作美，以利展演活動進行，因此要求中國氣象局代管的人工影響天氣辦公室（Weather Modification Office）在鳥巢體育館的下風處種雲。「天氣改造者號」在北京上空發射了 21 顆充滿碘化銀粒子的石頭進入雲中。這促使雲層還沒抵達首都就先在北京西南方的保定市下起陣雨。開幕典禮當晚，全程乾燥，滴雨未落。

　　最常用的種雲方式是透過飛機直接把種雲粒子釋放到雲中。科學家確認了適合的雲種之後（已知是陣雨雲），在希望增強降雨的那天，飛機會直接飛入雲中，並運用照明彈釋放種雲粒子。

種雲在全球有多普遍？

　　我們已經提到中國，他們有全世界最大的人工影響天氣辦公室。除了在 2008 年奧運時的作為，他們還會使用一些天氣改造方法，包括預防冰雹風暴摧毀作物，以及造雨以抵抗塵暴的效應。他們截至目前為止最大的計畫是嘗試並緩解西藏高原每年的乾旱。此任務需要上萬個燃燒實體燃料的「燃燒艙」，以產生碘化銀。接著會將燃燒艙送往大氣層，希望可以成功種雲，並增強降雨。目的是要增加比西班牙大 3 倍的降雨區域，一年高達 100 億立方米的水量。

　　目前已知超過 50 個國家都以某種方式投入種雲技術，跟中國並列的還有美國與阿拉伯聯合大公國，他們也是比較重要的參賽者。在海灣國家，水資源匱乏是大問題，他們沒有足夠用水可供日益增多的人口使用，也無法因應氣候變遷。阿拉伯聯合大公國現在會在條件適合製造更多降雨時種雲。阿拉伯聯合大公國的國家氣象中心表示，每次種雲任務花費約 5000 美元，可以多產生 30％的水量，價值 30 萬美元。

　　阿拉伯聯合大公國充分意識到種雲的效能還是偏低，因此也投入更多金錢研究改善此任務效能的方法，成了該領域未來科技的全球領導者。進行研究是為了改善種雲產品，及提出增進降雨的全新概念。他們運用奈米技術在改善種雲效果方面處於領先地位，化學工程師鄒琳達（Linda Zou）博士的研究結果已指出，雲中較大顆的水滴會增大 300％。

插手降雨符合倫理嗎？

　　世界氣象組織已接受，世界上有些地區的確需要天氣改造技術，這對他們緩解乾旱有實質效益。這樣的情況下，小規模的增雨也合乎情理。不過，在科學與政治社群中，對於更大規模的天氣改造技術則有較多警覺，如「西藏高原計畫」（Tibetan Plateau project）。大氣並沒有政治藩籬，有些人主張如果可以大規模的種雲，在一個國家製造更多雨，那會不會也能在另一個國家天上的雲自然降雨之前，就把它「抽乾」。這個問題很有意思，相關的辯論當然還在持續，不過同時，天氣改造技術可能成為標準化的慣例。

種雲是全球乾旱的解方嗎？

　　各機構可清楚看到利用種雲改善可用水量對當地產生的效益。在利用種雲改善農業與公共用水的國家（如美國、中國與阿拉伯聯合大公國），此方法顯然有效。這些都只是一般環境，氣候中原本就已經有一些關鍵降雨模式。例如，一開始有雲可以進行種雲，以增強降雨。不過，正確的乾旱定義為長時間缺乏降雨。意思是正式處於乾旱狀態的國家或地區，一開始大氣中就沒有足夠的溼氣可以製造出雲；而目前並沒有可製造雲的技術，因此，雖然種雲對當地有幫助，但並不是較大範圍區域和消滅乾旱的解方。

我們可以改變颶風的路徑嗎？

雖然有些例子是人們為了追求軍事優勢而改造天氣，但是現今大多數天氣改造的做法都是為了要改善局部天氣狀況。畢竟，想要保護生命財產免於一些破壞力強大的天氣系統，這念頭似乎並不那麼瘋狂，但問題是哪些真的可行？我們真的能在熱帶氣旋登陸之前就讓它們轉向或予以破壞，減輕大規模疏散的必要性，且降低人員傷亡、毀損，以及巨額的經濟損失嗎？

停止颶風前進或改變它的路徑是了不起的成就。典型颶風所包含的能量驚人。如果只看風產生的能量，約等於世界一年發電量的一半。形成雲時所釋放的能量，是世界每年用電量的200倍，而颶風內的熱能，相當於千萬噸級的核彈每20分鐘爆炸一次。約比1945年丟下的那顆原子彈強700倍。現在，試想把這樣的能量放大，就等同第四或第五級較大型颶風的威力，如卡崔娜和伊爾瑪颶風。

最初嘗試

颶風改造的嘗試要回溯到1940年代，當時美國的科學家開始探究冰晶如何減弱風暴，他們稱為「卷雲計畫」（Project Cirrus）。1947年，他們駕駛一架飛機在喬治亞沿岸對颶風播撒乾冰。背後的原理與在雲中增強降雨一樣：起初先促進颶風核心發展更多雪與雨，理論上這會吸走一些能量，從本質上將之削弱。在他們的實驗中，的確改變了颶風路徑，但卻與卷雲

計畫沒有關係，也無法證實任何結果，因此該計畫就此封存。

　　1940 年代晚期與 1950 年代，美國受多個災難性颶風侵襲後，政府積極嘗試再次進行颶風改造，因此艾森豪總統委託了一項任務，要求調查改造風暴的方法。1962 年，制定出「破風計畫」（Project Stormfury），國家颶風研究實驗室的科學家與海軍兵器中心（Navy Weapons Centre）都參與其中。這個計畫的概念與卷雲計畫十分相似，但是破風團隊擁有較先進的種雲科技，播撒種雲粒子到颶風內的方法也比較完善。他們的計畫是在颶風的眼牆附近釋放大量碘化銀粒子。經過測試和更深入的研究，該團隊在 1969 年對黛比颶風（Hurricane Debby）撒播種雲粒子，發現持續風速減弱了 15 ％～ 30 ％。問題是非常難確定風力減弱是種雲介入的直接結果，還是颶風因為環境條件的關係自然減弱。最終破風計畫在 1980 年告終了。

　　雖然最初嘗試改造颶風的計畫都沒有定論，大多無疾而終，但直到今日，每次強烈颶風威脅陸地後，人們還是會想問，我們能不能做點什麼停止這些可能帶來災害的事件，有些建議甚至包括在颶風內投炸彈。問題是因為颶風與許多原子彈有相同的能量，除非你希望用核彈攻擊颶風，否則傳統炸彈沒什麼效果。打消念頭吧，用核彈攻擊颶風不是好主意，你只會創造一個挾帶輻射雨的核颶風，會賠上所有生態系統和我們的性命！

　　由於播撒種雲粒子與轟炸颶風似乎都不是好選擇，最佳做法可能是在颶風積聚太多能量之前操控它。因此我們得著眼於颶風生成的區域，把重點放在操控溫度、溼度與風。卓越的蘇

格蘭工程師史蒂芬・沙特（Stephen Salter）教授為此提出一個解決方法，冷卻颶風真正開始增強的那個海域。他的理論是如果海面溫度可降到 26℃，熱能也會下降，因此颶風會比較弱。基於此概念，他設計了一個由波浪發電的幫浦，名為「沙特沉墜」（Salter Sink），可將溫暖的表層水往下移至較深處。不過，一般認為需要的幫浦數量就算不說幾千至少也要有幾百個，才有辦法充分冷卻颶風可能掃過的海域。所以，雖然此理論背後的科學站得住腳，但計畫是否可行，還有諸多疑問。

　　沙特教授也提出另一個想法，就是在颶風發展區域周圍製造比較明亮的雲。這跟卷雲計畫及破風計畫播撒種雲粒子的原理相似，不過他的想法是利用上百艘可深入颶風路徑的無人駕駛船，把氣溶膠噴入空中。這會導致雲層更明亮，增加它們的反照率，繼而減少照射至海面的陽光量，因此能降低溫度。

　　颶風登陸時，可能造成上百萬，甚至數十億美元的損失，因此投入金錢開發新技術改變颶風的路徑或強度，這樣的想法合情合理。儘管如此，要控制這些強大的天氣系統，似乎還有很長一段路要走，也許現階段而言，最好把資源投入颶風的預報、警示與減災，降低颶風與人命交戰時可能造成的衝擊。

💡什麼是核子冬天 (nuclear winter) 的預報？

在 1970 年代晚期與 1980 年代早期，時值冷戰高峰期間，

蘇聯（東方集團）與美國及其西歐同盟（西方集團）之間的地緣政治角力，有引發核子戰爭的危險。雙方都有核武工廠，且不斷威脅將以核武攻擊對方。

科學與歷史告訴我們，如果在一座城市投下核彈，直接後果是慘重的災難。核彈基本上是在短短一瞬間把一小塊太陽帶到地球上。核彈的爆炸衝擊與熱度會摧毀建築物，並馬上奪走鄰近區域所有生命，接著出現所謂的核微粒（nuclear fallout），加上會影響核爆幾英里半徑內所有生物的輻射線，比較小的影響則是輻射會隨氣流飄散至全球。即使知道這種武器可能招致的災難，卻沒有人真正思考過核子戰爭會造成的長期氣候效應。此時你心中可能已經浮現這樣的畫面，地球上所有城鎮空無一人，環境又黑又冷。在 1980 年代初期，就已經有確實描繪核子戰爭爆發後，世界末日後未來景象的電視影集與電影，但是他們並未全盤托出。

天氣會受到什麼影響？

核子冬天的概念大約是 1980 年代初期，在美國地球物理聯盟（American Geophysical Union）會議上討論核子戰爭的氣候效應時提出的。先不談核彈從城市上空落下時會產生的初步爆炸衝擊與輻射，核爆後這段時間，四處都會陷入大火，而那些火會噴發大量煙霧進入大氣層，少部分很有可能進入平流層。當平流層裡沒有雨雲，煙粒便無法「降下」，將會停留在平流層很長一段時間。這為什麼很重要？這麼說好了，有人認為高層大氣即使只含有少量煙，碰觸地表的太陽的能量（即陽

光）就會減少，因此全球氣溫會下降。箇中道理就是如此簡單。

　　此期間主要關注火山爆發效應的氣候科學家認為，他們能運用自己研發的氣候模型協助研究核子冬天的效應。他們使用的模型是在大氣層中添加大量粒子與硫酸，以模擬火山爆發，因此他們直接將之代換成大火中出現的煙霧。

印度 - 巴基斯坦模型

　　核子冬天情境最引人注目的一項電腦模型是由一群美國科學家進行，他們的重點放在印度與巴基斯坦雙方進入核子戰爭的後果。1980 年代初期，雙方分別擁有約 50 顆廣島型原子彈，因此該模型著重在假如他們全面開戰，引發的大火會產生多少煙。科學家預測會有約 500 萬噸的煙衝入大氣，逐漸影響全球。各地的溫度反應會有區域性差異，但是內陸國家的溫度會低至 0℃ 以下。世界會變得更暗，也因為臭氧遭受破壞，照射到地球表面的紫外線量會高很多。植物、野生動物與自然生態系統全都會受影響。此後，許多人開始在意發起核子戰爭的全球後果，並意識到對挑起戰爭的國家而言，這幾乎等於自殺，更不用說遭殲滅的目標。

　　但是我們怎麼知道這個模型是正確的？先回到科學家一開始說的火山。1815 年 4 月，印尼的坦博拉火山

（Mount Tambora）大爆發，這是當時有史以來毀滅性最強的火山爆發。雖然估算結果不一，但據稱總死亡人數約7萬人。巨量火山灰被噴入大氣並飄送至全球，對氣候造成嚴重影響。第二年，全球溫度下降了0.4℃～0.7℃，雖然聽起來不多，但卻造成巨大影響，稱為無夏之年。全北半球都陷入嚴重糧食短缺，是場農業災難。雖然無夏之年是天然災害造成，但大量煙、灰與二氧化硫釋放進入大氣，阻絕了陽光也降低全球氣溫，與核子冬天的原理相同。

即使深陷冷戰角力之中，1980年代初期，美國與俄羅斯科學家還是把他們對核子冬天情境模擬的結果，呈報給當時的蘇聯總統戈巴契夫與美國總統雷根。他們聽了之後，雷根總統認真考慮該研究，甚至說到大規模使用核武將毀滅整個地球。因此，雙方都同意縮減自己的核武數量，並簽署好幾份條約，承諾彼此都會進行核武裁減。全世界的核武數量持續減少，可是不幸地，在此同時，擁有核武的國家卻變多了。近期研究採用比1980年代初期更先進的氣候模型，但依然提出一樣的結果：問題並沒有消失。

氣候改造可以拯救地球嗎？

　　天氣改造技術，像增雨，可協助一些國家以較小的規模對抗用水壓力，雖然有些行動比較重大，如先前提到中國目前的氣候改造活動。還有其他試圖改造天氣的行動，如颶風、冰雹風暴與消霧（fog dispersal），但我們現在正進入全球會受氣候變遷影響的時期。科學家指出，要減少二氧化碳排放量，以及把全球氣溫控制在可降低全球暖化長期傷害的限值以下，我們的時間不多了。我們仰賴政府改變政策並一起合作以拯救地球。有些人認為這樣不夠，轉而求助工程師。是否有任何硬性工法可以阻止全球氣溫上升到會對地球造成不可逆傷害的程度嗎？

　　目前已談過幾個用來阻止全球氣溫上升或使其下降的選項。有些瘋狂的建議是將地球拉離太陽，並在太空中放置大鏡子，以反射太陽輻射，但這兩者似乎都是來自科幻小說的想法。不過在太空中放巨大鏡子背後的原理並非空想。大氣中的雲是太陽輻射射向地球的天然反射器。雲愈白亮，反照率愈高，最後會降低地球的溫度。有一項計畫則是著重於把細霧海水噴入海洋環境的雲中；這在極地地區特別有用，可以冷卻極地，幫助減緩海平面上升的速度，且不需要任何有毒化學物質，似乎也相對平價。不過，這麼做可能會嚴重打亂區域天氣型態，且其實會導致某些地區的降雨減少，有鑑於此，這是一項有爭議的天氣改造技術，還需要更努力發掘更多大於缺點的優點。

　　另一個降低全球氣溫的提議是模仿火山爆發時的狀況。歷史已經清楚告訴我們，大規模火山爆發會暫時降低全球氣溫。1991 年菲律賓皮納圖博火山（Mount Pinatubo）大爆發時，噴發了巨量粉塵、火山灰與氣溶膠至高空的平流層，造成接下來兩年全球氣溫冷卻了 0.5℃。看起來狀況可能不太像，不過當我們談到全球氣溫變化，我們需要的是把升溫程度控制在只能比前工業時代高 1.5℃，因此降了 0.5℃ 的變化相當顯著。問題是，我們透過人為的方式把氣溶膠送進大氣層也能達到一樣的效果並降低全球氣溫嗎？理論上是可以，我們可以把二氧化硫釋放進平流層，在平流層形成氣溶膠，把陽光反射回太空。第二個問題也沒錯，這麼做可以降低全球氣溫。不過，尚未全面釐清所有副作用之前，就把更多溫室氣體送入大氣以抵銷另一個溫室氣體，真的是好主意嗎？

　　時至今日，也許氣候改造最明智的選擇，也是工程師加快發展的方法是直接進行空氣碳捕獲（carbon capture）。碳捕獲並非新概念。事實上，有許多會排放溫室氣體的工業設備具備碳捕獲技術，可以在溫室氣體釋放進入大氣層之前，去除排放物中的二氧化碳。接著二氧化碳會存放在地面，或販售用於其他用途。雖然這是降低二氧化碳排放量的一個好方法，卻也不過是中和了燃燒石化燃料產生的碳，由於沒有淨二氧化碳進入大氣層，這只能減慢全球氣溫無可避免上升的速度。我們真正需要的是負碳（carbon negative）程序，開始減少大氣中的二氧化碳量。隨著科技發展，很快就能實現這項技術，簡單說，就是用大型風扇吸入空氣，取走二氧化碳後，再釋放乾淨的空氣。以小規模而言會有用，但是要認真進入這個領域以降低二

氧化碳，我們還需要按比例擴大負碳科技的規模。

💡 要為了全人類進行氣候改造嗎？

　　1978 年，因應祕密進行的大力水手行動而設立《環境戰公約》（Environmental Modification Convention）後，各國都決定禁止「為了軍事目的而改造天氣」。2010 年又附加《生物多樣性公約》（convention on Biological Diversity），也禁止其他形式的天氣改造或地球工程（geoengineering）。

　　這為什麼很重要？這麼說好了，基本上這些公約禁止「透過精密操控自然程序改變的環境改造技術」例如地球或外太空的動態系統、成分或結構，包括生物相、岩石圈、水圈與大氣層……像是讓雲變亮的計畫，就與這些國際公約有所衝突，因為有可能對其他國家造成氣候衝擊，成了政治上的燙手山芋。要認真考慮任何全球性氣候改造硬性技術，都需要全面性的國際合作。這應該不會太難，對吧？！

第九章／

戰爭與天氣

　　任何一位軍事指揮官都會說天氣對戰爭大有影響，自古以來有許多例子可證明派遣部隊之前，深諳當地天氣與環境條件的重要性。從 1588 年的順風與大風幫助英國抵禦西班牙艦隊開始，到第一次世界大戰，西方戰線在「爛泥季」（mud season）安然無事，都是天氣影響戰爭的實例。

💡 天氣預報與戰爭

　　官方天氣預報要回溯到 1861 年，英國皇家海軍中將羅伯特・費茲羅伊（Robert FitzRoy）在《泰晤士報》發表了第一篇日常天氣預報。費茲羅伊深信他可以預報天氣，且身為氣象學家先驅，他建立了英國氣象局的前身，1854 年時該局還隸屬於貿易局。最早期的天氣預報主要目的是提醒船隻與海運即將發生惡劣天氣。早期的天氣預報非常基本，費茲羅伊常被嘲笑預報內容不準。歷經多年天氣預報領域不同程度的成功後，他在 1865 年退休，但是他早期的想法開始推動氣象學家尋求更多大氣知識，促成進一步的嘗試以預報隔天的天氣狀況。

　　從費茲羅伊首次在《泰晤士報》預報後過了十年，隨著科學與天氣預報在歐洲及北美愈來愈普遍，氣象學也有所發展。第一次世界大戰剛開打不久，英國陸軍很快就明白他們需要英國氣象局的幫忙，尤其是預測風向與風力。由於他們開始在戰場上使用瓦斯，陸軍得知道瓦斯飄散的方向：預測大氣高處的風，對砲兵營和英國皇家航空隊（Royal Flying Corp）有所幫

助，他們需要掌握雲與霧的資訊。

軍方開始重視氣象資訊，以至於每天要求提供的資訊愈來愈多。到了 1918 年，天氣預報成了英國軍事策略的基本項目。由於科技與軍事隨著皇家空軍擴編而發展，天氣預報也漸漸成為戰鬥策略的必要項目。到了第二次世界大戰開打之際，英國氣象局派出幾千名職員提供天氣預報以支援軍方。

贏得戰爭勝利的天氣預報

在 1944 年 6 月的諾曼第戰役之前，為了順利完成這項任務，各軍事層級都進行縝密的計畫。用船和飛機運送上千名士兵橫跨英吉利海峽非常了不起，唯有一件事是同盟軍指揮官無法事先計畫——天氣。英吉利海峽的天氣條件必須分毫不差，行動時可不能有強風、大浪、低雲或能見度差。登陸的時間點需在曙光出現之際，大潮低潮面時（以暴露德軍的防線），若是滿月最好（以提高夜間穿越的光照）。上述條件的意思是，他們在 6 月只有 3 ～ 5 天的機會可以完成任務。

有鑑於機會如此有限，盟軍指揮官主張氣象單位在任務的計畫階段應盡可能提供他們資訊。該單位由英國空軍上校詹姆斯 · 斯塔格（James Stagg）領軍，他得要同時注意三個小隊，分別來自英國氣象局、英國海軍及一個美國單位，三者使用的預報方法各有差異，意思就是斯塔格得經常判讀三份互相矛盾的天氣預報，才能向盟軍最高司令部的將領進行簡報。

此外，長官也要求他提出 5 天後的天氣預報，但在當時，預報 12 ～ 24 小時後的天氣就是極限。天氣觀測是在英國和法

國各地的陸地、船與航空器上完成。其中有個癥結點是德國的天氣觀測資料被加密，因此難以得知地面到底發生什麼狀況。幸好，米爾頓‧凱因斯的布萊切利園（Bletchley Park）有一名破譯員能破解密碼，盟軍得以更了解整個歐洲的天氣狀況，並將之用於預報中。

愈來愈接近月相與潮汐條件最理想的那 3 ～ 5 天，斯塔格承受了極大壓力，行動開始的時候取決於天氣預報。很可惜，1944 年 5 月底與 6 月初的天氣相當不穩，天氣系統挾帶強風大雨，使得預報適當天氣區間這項工作變得十分棘手。最後，他們暫定 6 月 5 日為發動作戰的日期，也稱為「大君主作戰」（Operation Overlord），但是一直到 6 月 4 日，惡劣的天氣沒有好轉的跡象，因此推遲了行動。盟軍每延後一天，潮汐就變得更不利，這股壓力落在氣象學家肩上。

預報團隊之間的衝突持續，各小隊都提出不同的預報結果。斯塔格受到來自上級的壓力，但是無法改變預報的不確定性──一切似乎是不可能的任務。英國氣象局與皇家海軍預報員提議，6 月 6 日的天氣可能比較有機會，但又遭到美國反對。斯塔格將他的預報上呈，表示該日的天氣條件勉強可行。盟軍最高司令艾森豪將軍遂下令行動。

預報並未完全順利實現，因為到了 6 月 6 日，天氣依舊沒有穩定下來，風依然很強，橫跨英吉利海峽的海面風大浪急。許多士兵都暈船，船隻翻覆，且因為風力比預期還強勁，傘兵也無法瞄準目標。不過，就像歷史所呈現的，諾曼第戰役和大君主作戰成功了。假如空軍上校斯塔格那天沒有做出決定提供相對優良的天氣預報，下一次潮汐和月相都適合的理想時機要

再等兩週後。而如果他們把行動推遲到那時候，天氣可能惡劣得多，幾近大風，且英吉利海峽的海浪會高達 20 英尺。度過這場強力風暴之後，艾森豪將軍寫信給斯塔格表示：「感謝戰爭之神，讓我們在該出發的時候，出發了。」

軍事氣象專家

現在可以清楚知道天氣預報在戰事中的重要性，但是這樣的重要性並不那麼適用陸軍。當皇家空軍在第二次世界大戰擴編時，軍機顯然相當容易受天氣影響，對此成立了英國皇家空軍志願後備役（RAF Volunteer Reserve, RAFVR）氣象分隊。上千名英國氣象局的人員報名，活躍於全英國與全歐洲的軍事基地，提供許多重要預報。他們深諳什麼樣的飛行條件不適合出任務，因此拯救了上千條人命。

戰爭結束後不久，許多服役的氣象學家都被裁撤了，只留下 200 名以支援每週的飛行任務，並參與軍事演習。由於和平時期到來，不太需要完整編組的氣象學家，該分隊最終全面裁撤。1960 年代初期，冷戰急遽升溫，對天氣預報的需求又再次升高。1963 年，氣象分隊再次成立，但併入英國皇家空軍的官方單位，即機動氣象單位（Mobile Met Unit, MMU）。他們的職權是「當英國軍隊部署的駐紮點的氣象資訊不足時，提供氣象方面的支援」。

氣象學特攻隊

　　雖然機動氣象單位是英國皇家空軍的實用單位，但成員多為氣象預報員、工程師及觀測人員，是在英國氣象局裡從事一般事務的後備軍人，幾乎都在軍事基地工作。當他們接受徵召服役時，工作內容不變，只是得穿著軍服在駐紮地點工作。

　　除了接受各種不同的訓練，在冷戰期間提供支援後，機動氣象單位在 1982 年的福克蘭戰爭（Falklands War）終於展現他們的實質效益。他們被調派至阿森松島（Ascension Island），為英國軍隊提供氣象資訊，尤其是路徑預測，以便軍機航行降落至福克蘭，也讓火神轟炸機可轟炸史坦利港（Port Stanley）的機場。

　　1990 年代，中東的緊張情勢隨著波斯灣戰爭而擴大。意思是武裝部隊要調派至沒有當地氣象支援的另一地點，因此機動氣象單位也被派至行動的核心位置。起初軍方指揮官表示他們不需要天氣預報，因為「沙漠裡向來炎熱又晴朗」；但是經歷好幾場塵暴與雷雨之後，機動氣象單位很快就出任務了。1990 年代末期到進入 2000 年代末期這段顛峰時期，機動氣象單位的足跡遍布東歐、伊拉克、阿富汗及阿拉伯灣，直接提供戰鬥部隊氣象資訊。

「去」、「不去」決策

　　現在，機動氣象單位的預報員已是任務計畫與行動過程中重要的一環。他們的天氣預報內容，比電視、廣播或線上播報還要詳細許多，關於雲的高度、雲量、能見度、預報期間風的

變化,以及任何劇烈天氣發生的時間點等等,資訊都更精確。
事實上,光是每日軍事簡報的主角都是預報員,就能凸顯天氣
的重要性。他們會告知最高司令官隔天可能發生的天氣狀況,
接著在軍事行動當天,持續提供陸軍與空軍專門的天氣簡報。

都在海上:氣象與海軍

　　雖然機動氣象單位是英國陸軍與皇家空軍的天氣預報員,
但是從古至今,天氣之於皇家海軍也相當重要,可回溯到天氣
預報的先鋒,海軍中將羅伯特·費茲羅伊。早年為海軍提供
預報是英國氣象局的主要工作,但隨著氣象研究發展,預報
對海軍行動日益重要,1937 年遂成立專職的氣象與海洋水文
海軍分隊(Naval Branch of Meteorology and Hydrography)。
自此時開始,民眾可以投身海軍並在海軍氣象局專攻氣象與
海洋研究(略稱 METOCs)。如同機動氣象單位,英國海軍
的 METOCs 在全世界的每日行動中扮演重要角色,協助軍方
利用天氣獲得軍事優勢。機動氣象單位與海軍 METOCs 在
英國海維康的聯合行動氣象海洋研究中心(Joint Operation
Meteorological Oceanographic Centre, JOMOC)密切合作。

天氣可以成為終極軍事武器嗎？

　　美國氣象學家暨工程師厄文‧克里克（Irving Krick）說過：「率先取得天氣控制技術的國家，會是世界的主導。」我們已經了解天氣對軍方充分發揮作戰能力而言有多關鍵，因此得知政府從古至今為了自己的行動順利或阻止敵軍而試圖操控天氣，也不足為奇。

　　先從為了儘量讓軍事行動順利而操控天氣說起好了。1942年，第二次世界大戰期間，因為英國機場瀰漫濃霧而喪失了許多飛行時數。邱吉爾下令首席科學顧問查韋爾勳爵（Lord Cherwell）想辦法解決這個「當務之急」。查韋爾勳爵的解決方法是沿著機場跑道側點燃好幾處火坑，拉高機場跑道周圍的空氣溫度，並把霧燒走。名為「濃霧研究與驅散行動」（Fog Investigation and Dispersal Operation, FIDO），首次實驗成功是在 1942 年 11 月，當時清除了 200 碼濃霧。此後，濃霧研究與驅散行動小組便進駐多個英國皇家空軍站。該行動有個成本的大問題，行動需要大量燃料：每小時 10 萬加崙的汽油與煤油。在戰爭時，以空中行動的高度來評定錢是否有花在刀口上，因為能夠達成更多飛行時數，也可大幅減少因嘗試在霧中降落而墜毀的軍機數量。當時甚至有傳聞說運用濃霧研究與驅散行動可縮短戰爭，並拯救上千名飛行員性命。

　　美國政府在越戰時的一場祕密行動中，運用天氣改造技術嘗試取得優勢並占了上風。在東南亞，美國在名為大力水手的行動中，發動高度機密的種雲程序，目的是要增加胡志明小徑

（Ho Chi Minh Trail）周遭區域的降雨量，以防越南軍隊利用他們路上的補給卡車。他們認為增加降雨會軟化路面，造成山崩與地方性水災，沖刷部分補給路線。這項種雲行動由氣象偵察第五十四中隊執行，他們平常的任務是蒐集氣象資料；他們的口號是「要做土，不要作戰」。雨季期間（3月至11月）每天都發動兩次突擊種雲行動，持續了5年。大力水手行動成功與否，並無官方資料證實，主要是因為其機密性。該行動的相關消息走漏之後，美國國會舉行了多場聽證會，但是軍方指揮官與尼克森總統皆否認該行動的存在。

儘管如此，群眾依然對大力水手行動發出強烈抗議。把天氣改造作為軍事武器，看起來開了個非常危險的先例。因此，《環境戰公約》（Environmental Modification Convention, ENMOD）這份國際條約在1978年開始生效，目的是禁止以破壞或毀損為目的而運用天氣改造技術。從那時開始，天氣改造研究就受到限制。不過有大量陰謀論認為，為了軍事優勢而操控天氣的祕密計畫目前依然存在。

天氣曾經引發戰爭嗎？

要回答這個問題，一定不能忘了天氣與氣候兩者間的基本差異，天氣是逐日和逐週的短時間大氣變化，氣候則是數十年間較長時期的大氣條件平均值。

就我們所知，日復一日或好幾週至好幾個月的天氣變化，

並不會直接導致世界任何重大戰爭爆發，不過氣候變遷卻很有可能已經引發戰爭。直接把氣候變遷與全世界的衝突連結在一起，我們的確需要謹慎待之，但是氣候變遷肯定有可能是其中的促成因子。2018 年，世界銀行發布一份報告指出，氣候變遷對食物產量造成不良影響，尤其其中 80% 落在極貧窮人口的農村地區。簡單說，可以想像若你居住的地區進入嚴重乾旱，食物產量不再足以溫飽，此時你可能會想搬家。此模式本質上會構成人口移民到其他國家的基礎，繼而可能導致衝突增加。更劇烈的天氣事件也是同樣的道理，如風暴、水災和極端熱浪。有些研究學者指出，全球暖化每升溫 0.5℃，衝突就增加 10% ～ 20%。

敘利亞就發生了這種「氣候衝突」，根據聯合國報告，從 2006 年至 2011 年持續 5 年的乾旱，導致 75% 敘利亞農場倒閉，85% 的牲畜死亡。這場乾旱造成超過 1 千萬敘利亞人民流離失所，國家急遽進入惡性內戰狀態。一般認為葉門、利比亞和南蘇丹也都因為乾旱而加劇了內戰狀況。

氣候變遷難民

2018 年世界銀行的報告中，探討了準備迎接氣候移民的議題，並指出到了 2050 年，如果還未針對氣候變遷採取行動，將會有超過 1 億 4,300 萬的氣候移民橫跨撒哈拉沙漠以南非洲、南亞與拉丁美洲。最貧窮的人們會因為作物產量減少、水資源短缺及海平面上升，而被迫搬遷。我們不單指發展中國家，已發展國家也會深受其苦。

　　2018 年《巴黎協議》主張須將全球氣溫上升幅度，控制在比前工業時代最多高 1.5℃的範圍內，但是一般認為升溫可能高於此數字。有些估算指出，即使我們維持 1.5℃的升溫極限，全球海平面到了 2100 年還是有可能上升 50 公分（且相較於一些之前看過的氣候模型，這個數字已經相當保守）。意思是像紐約、邁阿密、倫敦、曼谷和上海這些大城市，很有可能遭遇嚴重海岸洪水氾濫。全球有超過 500 個城市將面臨此問題，許多市民會被迫往內陸遷移。在較溫暖地帶，沙漠會開始往北移，因此很多地中海地區會變成沙漠地區。除非有減災措施可對抗衝擊，否則很可能會看到氣候移民從上述地區往更北遷移。雖然氣候移民大多不會直接導致衝突，但是從歷史上來看，很有可能造成不穩定，並威脅到和平。

第十章

氣候變遷

大自然不斷變化的氣候

　　要揭開地球過去的氣候是艱鉅的任務，這個主題太龐大了。想了解現在與未來的氣候變遷，一定要先釐清過去的氣候韻律：是「人為」氣候變遷成為此主題最具影響力的推力之前，那段漫長的時期。

　　談及過去的氣候，一言以蔽之：地球的氣候一直都在改變。過去全球平均氣溫曾下滑至足以進入冰河時期，也曾有較溫暖的暖流，氣溫上升到連兩極都沒有冰。過去幾十億年來，已經發生大約 5 次或 6 次劇烈的冰期（glacial periods），中間穿插短暫的較溫暖間隔時間或間冰期（interglacial periods）。最早大約是發生在 24 億～ 21 億年前，最近期的高峰則是 1 萬 8,000 年前左右。這段期間，全球平均氣溫比現在的平均氣溫低了 6℃。值得一提再提的是，僅僅 6℃ 之差，地球就突然跳入冰河時期。

　　6℃ 看起來也許不是很大的溫度差距，但是這裡所說的全球氣溫代表地球所有表面，從北極、赤道到南極，以及中間所有地帶；是所有季節、冬夏、乾溼、冷熱的平均。就氣候而言，6℃ 的變化大得可怕。

　　最近的一次冰期，氣溫緩慢下降，冰層得以從兩極較冷的地帶發展並擴散，朝中緯度地帶移動。淡水被鎖在冰裡，因此海平面顯著下降，水文循環中可用的水或水蒸氣也比較少。冰期乾燥許多，在冰之外，陸地深受乾旱與沙漠化之苦。目前驅動全球天氣的機制在當時比較弱，包含對流、蒸發，以及透過

強風廣為分布的水蒸氣，且天氣系統很一般。也有具說服力的證據顯示主要洋流弱化造成氣候的轉變。在冰河時期，把暖度向北送的溫暖洋流及將寒冷向南送的深水，都失靈了。

　　哪件事會先發生？在冰河時期，會有顯著波動。那是比單純寒流還要更複雜的系統。在冰期，全球氣溫會有小幅的高點與低點。截至目前為止，主掌地球的冰期主要是因為太陽輻射的自然變化。談到氣候與天氣，在這麼多變項之中，太陽系統性上升與下沉是已知的恆定條件，但是太陽的長期輻射卻有很多種不同變化。太陽的強度過了很長一段時間後會改變，正是如此，對地球的氣候會造成深遠影響，最終影響到生命與生物多樣性。太陽的日光輸出是 11 年為週期的變化；當其他過程結合在一起，將轉而強化所有冷卻或暖化的作用。

　　地球軌道的形狀，或偏心率（eccentricity），也會隨著時間改變。每十萬年，就會從近圓形變成偏橢圓形，再回到近圓形的軌道。以較橢圓形的軌道繞行時，地球會離太陽更遠，而到了一年當中的某個時間，會造成比較寒冷的寒流；目前，地球正處於橢圓形的軌道上，在北半球的夏天，地球距離太陽最遠。地球的傾角，或斜度，1 萬 1,000 年來也有所改變，從 21.3° 變成 23.4°。傾角愈大，季節變化愈極端，導致嚴寒的冬天與更炎熱的夏天。這也造就了地球的氣候，事實上傾角對氣候的影響比地日距離更大。太陽輻射也會受地球繞著自轉軸搖擺的程度影響，像搖晃的陀螺，稱為進動（precession）。搖擺是因為太陽與月球對地球的引力拉扯之爭。當地球運動的不同因素重合，太陽輻射的程度會顯著減弱，地球的氣候會產生反應。然而，還有其他過程也在運作。一旦氣候變遷的球單

向滾動，正回饋機制在強化冷卻或暖化效應時，就扮演重要角色。覆蓋於廣大地區的冰量增加，會增加反照率，反射的陽光更多，光吸收量更少（因此也比較不熱），環境會更進一步冷卻。雖然像這樣的系統可能不穩定，但是綜觀地球歷史，一直都有會強化冰的增長與範圍的加速冷卻時期。

　　冰河時期另一個經證實的機制是二氧化碳濃度下降，主因是被海洋吸收。二氧化碳是會吸熱的強大溫室氣體，保持低層大氣的溫度比沒有二氧化碳時還溫暖。在漫長的冰河時期捕獲的二氧化碳，會抑制升溫，讓全球氣溫更進一步下降。不過釋放這些二氧化碳後，則會加劇暖化，氣候再次轉變。

　　大量火山爆發對氣候的影響也很值得一提。火山大爆發期間進入高層大氣的大量火山灰與塵，就算沒有留置數年也會留置數月，如此一來會降低陽光的強度。火山爆發產生的額外溫室氣體會吸收地球更多熱，這麼短的期間內能降低多少溫度，很難量化。

　　總而言之，太陽輻射的自然變化與其他自然陸地進程，對氣候系統會產生深遠影響，時而冰冷刺骨，時而轉換成較溫暖的環境。影響所及的空間與時間規模幾乎無法想像。

　　地球的氣候史是了解未來發展的根本。20億年間全球氣溫起起落落，在特定溫度範圍內，以數萬年的時間緩慢變化，想想過去百年來，上升速度竟然加快到過去20億年來史無前例的程度。地球升溫得太快，所有事都亂了套。

人為造成的氣候變遷
會影響我們的天氣型態嗎？

　　簡單說，會的，人為造成的氣候變遷已經改變天氣型態。自從工業革命以來，二氧化碳排放量不斷增加。全球氣溫已經上升，且還會持續不斷升高，直到採取激進措施停止更嚴重的排放，最終降低大氣中的二氧化碳含量。氣候學家很清楚，因為全球氣溫增加，天氣型態會繼續變化，尤其是極端天氣的發生頻率。雖然天氣與氣候有明顯關連，但兩者之間還是有重要的區別。天氣是現在與近期的未來，逐日至逐月的變化，甚至是一季之後；而氣候則是數十年來的平均天氣條件，或天氣型態的趨勢。意思是每天或每週的天氣可能有大幅變動，包括極端溫度，但是長期來看變化幅度和緩，較不顯著。

　　只要遭遇極端天氣事件，如熱浪、水災或強烈風暴，幾乎可以保證一定有人會問這個問題：「這場熱浪／水災／風暴與氣候變遷有關係嗎？」單一極端天氣事件無法直接歸因於全球暖化。不過，科學家現在確信，任何極端或劇烈天氣，都更有可能是氣候變遷的後果。2018 年間，英國經歷了有史以來並列最熱的夏天，英格蘭也遭遇了史上最熱的夏季。英國氣象局的研究顯示，這個破紀錄的夏天由人為造成的氣候變遷引發，其可能性比自然引起還要高 30 倍左右。

　　水災又是怎麼回事呢？較暖和的空氣保有的水蒸氣會比低溫空氣還多，會對日後的降雨強度產生影響。全球氣溫更進一步上升時，相當容易遇到此狀況，地球的大氣能保有更多溼

氣，進而降下更多雨。《聯合國跨政府氣候變遷專家小組第五次評估報告》（Intergovernmental Panel on Climate Change Fifth Assessment Report）總結指出，因為地球持續暖化，許多地區都很有可能會出現更嚴重的降水事件，包括橫跨北美中部與部分歐洲地區。在英國，英國氣象局建議，雖然夏天整體會變得比較乾燥（6月、7月與8月的平均降水），當降雨量確實下降時，反而更容易突然強降雨，與暴洪有關。

全球暖化與接著發生的氣候變遷，會改變我們的天氣型態，雖然我們可能沒有注意到逐日或逐月這樣時間跨度較小的變化，但是極端天氣的發生頻率會愈高，在接下來數十年將打破更多紀錄。

💡 全球暖化

氣候變遷與全球暖化有何不同？

這些名詞似乎是通用的，許多人甚至認為兩者是完全一樣的概念。不過，全球暖化其實是氣候變遷的眾多徵兆之一。氣候變遷包含人為造成的氣候變化（包括海洋），以及地球大氣型態的自然變異，涵蓋發散到地球的太陽能週期變化及暖化的影響，像是海平面上升、冰融化，以及極端天氣事件。全球暖化是氣候變遷其中一項議題，其特指氣候因為溫室氣體增加而暖化，現在大氣中的溫室氣體濃度因為人類活動（如燃燒化石燃料、工業與農業操作）而升高許多。

溫室效應

溫室效應與溫室氣體是全球暖化的同義詞。溫室的目的是要讓最多陽光照射進封閉的環境，光在此轉換成熱，接著被限制在這裡，因此溫室內的溫度會高於其他地方。溫室氣體會吸熱，接著再次把熱輻射出去。

溫室氣體（GHGs）				
水蒸氣	甲烷	二氧化碳	臭氧	一氧化二氮

溫室氣體如何吸熱？

光能傳遞至地球並被地球表面吸收，在此轉換成熱能。接著熱能會重新釋放至大氣低層，有些則會散失。不過，溫室氣體會捕捉其中大部分的熱能，這些熱能會被吸收並再度釋放。整個地球都有溫室氣體存在，代表此過程是持續不間斷的，且熱能會一直停留在地表附近。這些氣體吸熱的原因，歸因於它們的分子結構。尤其溫室氣體的分子結構鬆散，因此獲得能量（熱）時得以振動。這股紅外線能量會激發氣體，接著再發散出去。

沒有溫室效應的地球？

溫室氣體是地球上維持生命的必要物質。沒有溫室氣體，地球的全球氣溫會趨近於攝氏零度，也就是水變成冰的溫度。溫室氣體如同在全身流動的血液，可以保持身體溫暖和維持生命機能。這些了不起的氣體，濃度太高與太低之間有條細微的

界線。濃度該如何分級呢？每一種溫室氣體都會以三項特徵分級：

1. 它們在大氣層中的含量。

2. 停留在大氣層中的時間。

3. 在大氣層中造成的影響，也就是它們的變暖潛能（global warming potential）。

所有溫室氣體都會吸熱，有些氣體的吸熱能力比其他氣體強。例如，甲烷作為溫室氣體的強度比二氧化碳還強好幾倍，因此一開始對氣候造成的毀滅性高很多，因為它們吸熱效率高。甲烷是燃燒天然氣體產生的副產品，畜牧業及永凍土融化也會釋放大量甲烷。然而，其停留在大氣層中的時間不如二氧化碳那麼長，但是跟二氧化碳一樣，甲烷的濃度也會不斷上升。

何謂碳循環？

二氧化碳是所有溫室氣體中含量最豐富的氣體，且是有原因的：其為生命不可缺少的一部分，會持續不斷被陸地與海洋的動物、植物、樹、浮游生物、石頭與土壤吸收和釋放。就跟地球的水循環一樣，碳循環也會運送、吸收、散發和重新分布二氧化碳，稱為生地化循環（biogeochemical cycle）。

植物行光合作用時會吸收二氧化碳，加上陽光與水便形成碳水化合物。碳水化合物會儲存在植物中，協助其生長；但是過程中產生的廢物，氧氣，則會釋放到大氣中。大自然會非常有效率地運用周遭能量。綠色植物為我們呼吸時吸入的氧氣貢獻良多，但是普遍認為全世界的氧氣有一半是由潛藏在海面

下的浮游植物與藍綠藻產生。埋藏在地底下的有機物質，以煤炭、天然氣和石油的形式，儲存了巨量的碳。人類數千年來不斷尋覓這種燃料，到頭來卻讓全球工業都為之瘋狂，大量二氧化碳便自己找到進入大氣層的出路，打翻了大自然的平衡，從長期穩定的狀態變成空前的破壞。

二氧化碳濃度測量

　　二氧化碳的測量單位是百萬分率（parts per million, ppm），定義為特定分子數的空氣移除水蒸氣後，所含的二氧化碳分子數。因此，372ppm 二氧化碳，代表每 100 萬個乾燥空氣分子，平均含有 372 個二氧化碳分子。此數值是氣候科學家的關注重點，把不同的二氧化碳濃度輸入氣候電腦模型，便可計算出地球因全球氣溫上升產生的變化。過去 80 萬年來，此濃度在冰河期的 180ppm 與間冰期的 280ppm 之間浮動。早於工業革命的 19 世紀期間，二氧化碳濃度約為 280ppm。

　　1958 年，美國斯克里普斯海洋研究所（Scripps Institution of Oceanography）的查爾斯・基林（Charles Keeling）博士開始在夏威夷貧瘠的茂納羅亞火山觀測站記錄二氧化碳數值。會選擇此地點是因為尚未受到汙染，且能提供清楚又準確的二氧化碳濃度數值。現在這裡成了氣候科學社群的焦點，也被視為測量二氧化碳的黃金標準。從 1958 年迄今，每日持續不斷記錄茂納羅亞火山的數值，製成的圖表稱為基林曲線（Keeling Curve），可看出過去 70 年來各種二氧化碳濃度的相關資訊，也被視為理解此溫室氣體上升速率的基準。

　　從基林曲線可清楚看出每年的二氧化碳上升幅度，近幾十

年來，此速率加快了。基林博士一絲不苟的觀測結果也能看出季節性變動，北半球每年春季、夏季時，植物正處於生長季節，會透過光合作用吸收比較多二氧化碳，因此二氧化碳濃度會下降，這個現象很有意思；接著到了秋、冬的月分，又因為樹木、植物與土壤呼吸作用，排放較多二氧化碳，濃度因此達到高峰。基林博士是率先把二氧化碳濃度上升與燃燒化石燃料畫上等號的科學家之一。他剛開始在夏威夷測量時，濃度約為316ppm，即使是這個數字也比前工業時代的280ppm還高出許多。他呼籲，如果二氧化碳濃度上升超過400ppm，全世界將因為失控暖化陷入明顯而立即的危機中。

2013年，首次在茂納羅亞火山觀測站記錄到400ppm。從2013年開始，400ppm成了常態，現在二氧化碳濃度上升的速度比以前還快。不過這也不是地球第一次充滿二氧化碳還成了高溫溫室；大概5,500萬年前，因為突然釋放出二氧化碳與甲烷，發生過一陣擴及全球的短期熱浪，讓全球氣候升溫5℃。當時陸地與海洋生物都發生大規模滅絕，同時大多數環境變得不宜居住，北極與南極附近的水域變成亞熱帶。最近，甚至在距離南極300英里遠的地方，挖出殘餘的樹木，此為「古新世—始新世極熱事件」（Paleocene-Eocene Thermal Maximum）或稱PETM，持續了約十萬年之久。雖然發生在智人（Homo Sapiens）出現之前，聽起來好像很遙遠，但是卻提醒著我們目前須面對的嚴酷事實。此事件的全球暖化發生在2萬年間，而今日的二氧化碳排放量已不斷加劇200年以上。在地球氣候史上此時期的資料，不只對我們的未來是重要的一課，也預示了地球的反應可以毫不留情的翻轉環境。

何謂氣候敏感度（Climate Sensitivity）？

　　氣候科學的核心，是地球氣候對二氧化碳濃度增加的敏感度。此數值顯示了人為造成的二氧化碳排放，會讓全球地表升溫到什麼程度。氣候敏感度的研究會運用氣候模型、近期觀測資料，以及地球過去的氣候資料，估算目前與未來的溫度趨勢。過程複雜，也總是得考量會有一定程度的不確定性。眾多情境都包括回饋機制（feedback mechanism），如冰層如何變化、風暴度增加所產生的雲量、海洋反應的延遲時間與二氧化碳的吸收。意思是產生的結果會是未來全球溫度的一個範圍，而非確切的數字。

暖化的世界會造成哪些全球影響？

　　研究氣候變遷造成的影響，並不是新鮮事，雖然近期針對各領域生物氣候影響的研究頻率已升高，但早有數十年的研究歷史，且在達到強力科學共識之前就存在了。事實上，尤尼斯・富特（Eunice Foote）是首位強調溫室效應重要性的科學家，1856 年時，她在《影響陽光熱度的條件》論文中強調了溫室效應的影響，推斷二氧化碳會吸熱，富含二氧化碳的大氣溫度會偏高。40 年後，由瑞典科學家斯萬特・阿瑞尼斯（Svante Arrhenius）主導第一個針對人為造成氣候變遷的研究假設，削減二氧化碳含量會引發另一次冰河時期，不過大氣層中的二氧化碳含量加倍，也會導致全球溫度上升 5 ～ 6℃。

　　到了 20 世紀中期，科學社群和早期環保人士均開始對二氧化碳濃度上升的後果感到擔憂。第一個計算溫室效應的電腦

模型推斷，不考慮任何回饋機制（如冰融化速度加快）的話，二氧化碳濃度翻倍，將會導致全球溫度上升 2℃。

隨著電腦模型愈發精密，未來的情境開始獲得關注，才揭開自工業革命開始就一直悄悄發生的狀況。衛星影像問世，也讓大家能夠緊盯地球的反應：持續監測陸地與海洋溫度、冰層的消長變化、十年間的冰退（glacial retreat）、沙漠化，以及不斷變換的全球風景整體變質（metamorphosis）。

身為地球的一員，我們見證了過去預測的狀況：氣候變遷在我們眼前發生。從超級電腦問世之初，當時要花一天的時間才能計算出一天的天氣，到現在計算能力大幅躍進，每 18 個月增加一倍，稱為摩爾定律（Moore's Law），創造出新世代的氣候模型，能夠深度學習，計算的結果對二氧化碳濃度上升更加敏感。

但是氣候的演變近在眼前……

火星的溫室氣體相當稀少。雖然火星稀薄的大氣層主要成分是二氧化碳，卻因缺乏甲烷和水蒸氣，使得溫室效應非常微弱。所以火星大部分地面是冰凍的，目前為止沒有生命跡象。

金星的溫室氣體超載。金星的大氣層由二氧化碳主宰，是火星的 1 萬 9,000 倍，地球的 15 萬 4,000 倍。雖然水星離太陽最近，但金星卻是太陽系最熱的星球，正是因為其失控的溫室效應！

聯合國跨政府氣候變遷專家小組揭露了哪些氣候變遷現況？

聯合國跨政府氣候變遷專家小組（Intergovernmental Panel on Climate Change, IPCC）是聯合國的組織，利用全世界數千名氣候科學家的工作成果，針對地球未來氣候發表常規報告。此科學組織的最新發現比過去的論文都還更明確，終於在 2018 年更新的 IPCC 報告中提出。全世界的氣候科學家肩並肩，同聲警告。目前全球氣溫的上升趨勢預期可達 1.5 ～ 4.5℃ 之間，且很有可能發生於 21 世紀末之前。這個溫度範圍是根據未來二氧化碳排放量的各種不同預測所推算，從溫室氣體顯著下降，到「一切如常」的情境都納入考量。

IPCC 提出全世界頂尖氣候科學家的努力成果。報告內容彙集了那些奉獻一生釐清地球氣候的科學家所提出的廣泛穩健科學、研究、共識與意見。這些重量級的報告促成積極主動的政府政策及國際協議。2015 年，在《巴黎協議》之下，大部分國家簽署同意將升溫幅度控制在 2℃ 以內。3 年後，2018 年的 IPCC 報告則著重在全球暖化溫度上升高於前工業時代 1.5℃ 的影響，該報告囊括了 6,000 份科學參考資料，由來自 40 個國家，共 91 位作者準備，真是一項國際性的成就。這份報告強調，相較於 2℃，光是控制溫度上升 1.5℃，所造成的影響就足以產生激勵人心的差異。這也顯示出全世界對此領域的科學投注多少工作與深入研究。對未來預測充滿信心，不確定性也降低了。

細看全球暖化造成的人類與環境衝擊時，感覺好像有個環球死神，手拿長柄大鐮刀，穿過蒼芎投射出死亡的陰影，籠罩

著我們美麗的藍色星球。IPCC 的報告不易閱讀，內容也不那麼平易近人，但是他們提出正面的解決方案，或許可以抑制似乎無法避免的未來。將全球氣溫上升限縮在 1.5℃，的確可以挽救生命；改變行為、對主流永續發展創新的投資、對環境處置失當的情況發出警告、上從企業層級下到地方中小企業，人們攜手合作，都是報告中的一些實用建議。

溫度日益上升造成的衝擊，已有廣泛研究。氣候科學家對於地球非自然暖化時，地球自然系統會如何反應，多半相當有信心，但是這些衝擊發生的速度多快？影響範圍多廣？強度有多強？則不敢妄下定論。其實全都關乎有多少二氧化碳繼續灌入大氣層，以及氣候對日後二氧化碳上升的敏感性。控制未來二氧化碳濃度的責任就落在我們身上。

最新一篇 IPCC 報告談到，就不同情境而言，它們的衝擊取決於有多少額外的熱，也就是溫室氣體隨時間下降的速率與濃度。其中必定有一定程度的不確定性，再次強調，這都端看人類如何因應全球暖化的課題。儘管如此，氣候相關危機現在已達到史無前例的程度，除非採取有效行動，否則會對生命造成莫大威脅，這點無庸置疑能取得強烈共識。

主要的天氣衝擊有哪些？

熱浪、乾旱、暴雨

全世界氣溫普遍上升，會造成極端炎熱天氣發生頻率偏高，導致某些地區乾旱時間更長，風險更高。在其他地區，這

樣的升溫會造成天氣不穩定，不過更常見的狀況是發生更大量
又劇烈的降雨，水災與山崩的風險上升。特別是中緯度地區，
極端高溫天氣的出現頻率或許會更高，平均每天溫度可能比目
前還要高 3℃。隨著全球暖化氣溫上升超過 1.5℃，熱浪的風
險與極端溫度頻率也會進一步增加，這很重要。愈往兩極，空
氣溫度預期上升增幅愈大。也預期熱帶地區會有更多「炎熱」
的日子。

乾旱與氣旋

　　這麼說也許很奇怪，預測的氣候變遷的結果顯示未來的溼
期更長，乾期也更久。此為最獲關注的個別天氣事件極端度；
強烈熱浪會造成乾旱延長，或更猛烈的風暴形成大豪雨而帶來
水災。可預測乾期（dry spells）及乾旱風險上升的情形更廣泛。
2019 年，美國阿拉斯加州在空前潮溼的春天後，迎來史上最
乾燥的 6 月。春天的冰比平常提早兩個月消退，3 月就開始而
非 5 月。整個 6 月與 7 月，因為森林大火失控的關係，新聞都
被密集的煙霧預報占據。6 月初期的高熱一點幫助也沒有，破
紀錄的炎熱天氣重創安克拉治及南阿拉斯加的大範圍區域，氣
溫一躍而升，比以往還高 15 ～ 20℃。這股熱氣接著往北移動，
原因是「熱穹頂」，或阻塞型高壓，讓「乾燥」與「炎熱」氣
流找到自己的生存之道；這就是極端天氣，延續了好幾個月，
而不只是幾週或幾天。短時間內出現大量極端天氣很嚇人。這
些事件發生的可能性甚至比幾十年前還要高得多，原因是人為
造成的二氧化碳，2019 年發生的諸多極端天氣事件，肇因皆
相同。因為大氣有更多熱可用，因此積蓄更多能量，氣旋（包

括颱風與颶風）會產生更大量的降雨。更劇烈降雨的原因與地點無跡可循，因此相關預測的準度也比較低。話雖如此，電腦模型顯示，全球受到水災影響的陸地比例將會增加。

海平面上升

　　海平面將會上升，但再次重申，上升高度取決於二氧化碳排放量的抑制程度。海洋對全球暖化的反應，比陸地上的地球系統還慢，但是時間延遲代表即使暖化趨緩，最終逆轉，海平面上升還是會持續很長一段時間。計算未來海平面上升的時間軸已達 2,100 年後。世界上有超過 6 億人（約全世界人口的10%）居住在只比海平面高 10 公尺的沿岸地帶；近 24 億人口（約全世界人口的 40%）住在沿岸 100 公里（60 英里）內。小島最容易受侵襲，海水入侵會傷害到脆弱的生態系統，氾濫的洪災將使環境不宜居住，最後，許多低窪地被淹沒在水中。

冰層融化

　　海平面上升好幾公尺就有流失格陵蘭與南極大陸大面積冰層的風險，只要氣溫增加 1.5℃ ～ 2℃，就會觸發這些不穩定性。事實上，已經有強力的證據顯示北極的冰融化速度比世界其他地區還要快 2 倍。從這幾年來的衛星影像就可以看到冰層正加速流失，產生了正回饋機制，讓高緯度海洋的溫度升得更高，過去被高反照率反射的光，現在被冰融化後的較黑暗表面所吸收。

熱浪會讓海洋遭受哪些困境？

　　全球氣溫偏高也會影響海洋。最近橫跨英國與歐洲的熱浪，已延伸到鄰近的外海，此處海面溫度因此而上升；這些海域的化學、生物與自然動態也因而改變。海洋溫度升高會降低水中的氧氣含量，並增加其酸度。珊瑚白化（coral bleaching）即為較溫暖的聖嬰年過度暖化的可見跡象之一，一大片的海藻植被、珊瑚與魚群都消失殆盡。事實上，研究人員已指出，澳洲新南威爾斯海面上的豪勳爵島（Lord Howe Island），這片世界最南邊的礁群，已受嚴重珊瑚白化重創。白化現象發生在 2018 ～ 2019 年的夏天，當時該國多處都面臨嚴重熱浪。2019 年 3 月是澳洲有史以來最炎熱的 3 月，氣溫比平均高出 2℃，在淺海區觀測到最嚴重的破壞。最令人擔心的是，此地點比昆士蘭海面的熱帶水域還靠南方，昆士蘭海面的白化現象主要發生在之前的聖嬰年，而 2019 年年初並未被公告是聖嬰年。對堅強的海洋生物而言，解決方法是遷徙到較冷的水域，但是這會對原有的較冷生態系統造成巨大壓力。

　　2011 年，一場前所未有的海洋熱浪對西澳海面上的鯊魚灣海洋生態造成無法挽回的影響。位居食物鏈頂端的壺鼻海豚，在接下來 6 年數量銳減 12%，即使那場熱浪僅持續了兩個月，溫度上升幅度高於均溫 2℃ ～ 4℃。甚至該區域部分地方有高達 90% 的海草都死亡，正因如此，加劇了大量魚群、貝類與蝦蟹的生存壓力，其中許多生物品系都消失殆盡。衍生成食物鏈各階層都受影響的生態混亂。

　　這樣的偶發事件凸顯全球暖化現在已滲入地球系統，造成的效應非常極端，不單純只是製造頭條新聞而已。

物種危機

　　陸地上，物種喪失與滅絕的風險，隨著暖化程度增加而迅速攀升。分析不同暖化程度的研究顯示，全球氣溫每上升1℃產生的後果不只是變糟而已，有些影響是呈指數型發展。2018年，廷德爾氣候變遷研究中心（Tyndall Centre for Climate Change Research）的研究人員，研究了35個全世界野生動物資源最豐富地區的8萬種植物、哺乳類動物、鳥類、爬蟲類與兩棲類。他們發現如果不施行任何氣候政策（溫度會上升4.5℃），將會喪失50%的物種，如果全球暖化幅度控制在2℃之內，則物種消失的數量可下降至25%。這些影響包括乾旱、不穩定的降雨，造成水資源短缺、喪失生物多樣性與破壞食物鏈。像森林大火這類衝擊在旱地更加盛行，而極端高溫以及侵入性物種的擴散（如蚊子），更加劇生物多樣性的流失。凍原和寒帶的森林衰退與流失程度，也會受到氣候變遷左右，挑戰這些脆弱生態系統的平衡。

對人類的衝擊是什麼？

　　2016年，全世界有2,400萬人口因為水災、乾旱與風暴而遷徙。年平均推估為1,400萬人，但是2016年就天氣而言侵略性特別強。迄今，2016年依然是地球史上最炎熱的一年。也許更顯著的是，截至2019年，最炎熱的年分有90%發生在2005年之後，而這項紀錄可回溯到1880年。

　　每個人的健康都容易因氣候變遷而受影響，包括生命、生計、供水與糧食安全。有些群體不成比例地易受影響，如低收

入戶、殘疾、慢性病人士、移民、原住民、兒童、懷孕婦女與老年人。另外，依賴農業與漁業維生的國家亦然，如小島國和開發中國家。

　　溫室氣體濃度日益上升，導致極端高溫，比往常還炎熱，過熱會對人體造成壓力。人們在熱浪期間喪命，尤其是熱壓迫和熱中風，這也包括已經罹患慢性病、呼吸道疾病與心血管疾病的人。2003 年英國熱浪期間有 2,000 人喪命，同一場熱浪則在歐洲奪走 7 萬條人命。

　　熱不只會危害健康，在如此炎熱的熱浪期間，空氣品質也會惡化，受影響的人數更多。低層臭氧、空氣懸浮微粒，以及因為生長季變長而增加的花粉，都只是在這灘酷熱泥沼中摻一腳的其他因素。病媒傳染疾病，如蚊子造成的瘧疾和壁蝨造成的萊姆病，都會受溫度與極端降水影響。美國的研究已發現，2001 年至 2014 年，美國東北部的萊姆病病例數急遽增加，這與氣候變遷引起的病媒傳播及感染型態預測一致。

　　高溫與極端天氣對土地造成負擔，降低了糧食產量，包括全非洲與亞洲幾百萬的基本糧食來源，玉蜀黍（maize）、米、咖啡與小麥等等。2018 年歐洲熱浪期間，北極圈溫度達到 30℃ 高峰時，大陸很多地區發生野火與乾旱，造成廣泛的作物歉收。當地農夫在這段有生以來最嚴重的乾旱期間，都面臨破產的命運。

　　沒有人是座孤島。說到海平面上升與水災，更是如此。水會自己找到阻力最小的路徑。海洋暖化、冰融化時，海平面就會上升。海水汙染飲用水及脆弱的海岸淡水生態系統，也會導致宜居的沿岸陸地變得不適合居住。住在沿岸地區高於海平面

不到 10 公尺的人口超過 6 億，占全球人口的 10%，這裡面也包含大都市和大都會圈，如倫敦與紐約。不過這些地方的陸地非常容易受水災侵襲，不只是因為長期海平面上升，還包括風暴潮。即使溫度只上升 1.5℃，也預期海平面會比 2005 年還高 26 ～ 77 公分，導致至少 136 個港口大城市面臨危險。

　　以更宏觀的角度而言，人為造成的氣候變遷衝擊，會導致整體經濟衰退。現在衡量水災嚴重程度的標準是金錢（而非生命），對已開發國家而言，這個數字可達數十億美元、歐元、英鎊。損失工作時數，醫療照護機構因為極端天氣事件而癱瘓，更加劇經濟危機的負擔。陸地與海洋承受的環境壓力，導致農漁業生產力下降，同時人口遷徙卻增加，將造成更多人往已有其他群體居住的小規模地區移動。

　　IPCC 將氣候變遷形容為「貧窮倍數器」，溫度上升 1.5℃，就會把 1 億人口推向赤貧。每個環境議題都會成為全球問題。2019 年 8 月的國際頭條疾呼「亞馬遜雨林失火了，氣候科學家擔心引爆點將至」，引起全球強烈抗議。這不只是憤怒，而是出於恐懼。這場熊熊烈火，延燒出遍及全世界的廣泛迴響。根據巴西國家太空研究院（Brazil's National Institute for Space Research）資料顯示，亞馬遜森林在大火中每分鐘都有超過一個足球場的範圍淪陷。從衛星資料估算顯示，2019 年 6 月的毀林（deforestation）程度，相較去年同月上升近 90%，7 月則達到 280%。亞馬遜雨林調節二氧化碳的效率，是整個地球氣候系統的關鍵要素，每個人都會受影響。其控制約 25% 的碳含量，與大氣層的碳含量近乎相等，每年吸收二氧化碳排放量的 5%。地球上每個人都需要亞馬遜發揮作用，如過去千年

來一樣。就像人們所說：「亞馬遜雨林是地球的肺，而我們都需要呼吸。」

氣候變遷如何影響英國？

　　全球與當地氣溫的紀錄，每個月甚至每年都不斷破紀錄。過去百年來的全球平均氣溫曲線，看起來像陡峭的山坡，而不像過去十萬年那樣，呈現有高低起伏的丘陵狀。在此圖最右端，氣溫猛烈攀升，在氣候史上前所未聞。這正是查爾斯‧基林博士所警告的「明顯而立即的危機」。科學家所說的長期趨勢會往上攀升超出此圖範圍。

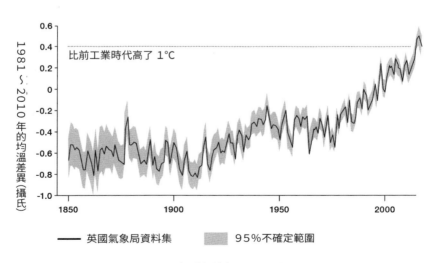

圖‧過去百年的氣溫上升狀況

《2018 年 英 國 氣 候 現 況 》（State of the UK Climate 2018）報告詳述了英國暖化的持續趨勢。內容提到，從 2002 年起，就發生了自 1884 年起迄今經歷過的全英國最溫暖年前十名。這份紀錄與全球氣溫整體趨勢相符。該報告也強調海平面會持續上升，等同於從 20 世紀初上升了 16 公分。

《英格蘭中部氣溫紀錄》（Central England Temperature）資料集是世界上用儀器記錄氣溫連續時間最長久的資料，不斷攀升的數字明顯顯示世界持續暖化。從 2008 年至 2017 年的十年間，約比前工業時代的 1850 年至 1900 年上升 1℃，又再次與全球觀測到的暖化現象相符。全世界氣溫上升 1℃ 是很大的額外能量，這股能量不只顯現在熱能，也會產生極端的潮溼天氣。事實上，全英國過去幾十年來的年降雨量已上升，尤其是 2008 年至 2017 年的夏天，平均比過去十年還溼 17%，且比 1961 年至 1990 年還要多雨 20%。不過，如同前面強調過的，天氣與氣候沒有界限，即使一個國家齊心協力降低碳足跡，依然會感受到這個世界級問題造成的衝擊：極端天氣事件、海平面上升，生物多樣性的威脅增加。這是全球的問題，需要全世界攜手一起努力。

我們如何逆轉人為造成的氣候變遷？

談到氣候變遷，已知與未知的程度相當，但是多數政客、環保人士與科學家全都認同，採取行動大幅降低二氧化碳濃度是關鍵。

大部分人為造成的溫室氣體排放，主要來自燃燒化石燃

料：煤、烴氣、天然氣與石油（包括汽油與柴油）。經濟成長與天氣型態（加熱與冷卻的需求），是決定能源消耗量的主要因子。過往二氧化碳排放量都是受到燃料消耗量增加所控制，其為經濟成長與減輕貧困的基柱。因此，每人二氧化碳排放量與每人國內生產毛額（GDP）之間有密切關聯性。不過，能源的價格與政府政策，對決定能源消耗的來源或類型很重要，數量亦同。

清潔能源

要轉換成清潔能源並非一蹴可幾，但是許多國家在投資再生能源方面都有長足進展。在西歐，風能的生產量逐年增加，天氣穩定時，則會結合太陽能一起產能。數十年來，斯堪地那維亞等地區，都仰賴生質燃料（biofuels），他們有好幾千公頃的針葉林隨他們處置，卻無法取得煤、油和天然氣儲量。水力發電廠則是南美洲能源生產的主要來源，可利用強勁溪流的位能。全世界都有熱能的天然來源，在最寒冷的月分可以靠它們產能，冰島、加拿大和英國的地熱能都很豐富，它們的碳足跡比傳統用煤和燃氣發電廠供應工業與家庭用電的國家還低很多。積極實施清潔能源替代方案的國家，二氧化碳濃度的確下降了，但是進展緩慢，化石燃料在許多發展中國家依然被視為經濟急遽成長的解方。

核能

關於核電是否算是清潔能源，掀起的論戰仍未停歇。核電作為燃料當然可以重複使用，但是產生的廢料卻需要封裝存放

數千年。許多知名人物都支持核能，因為核能可產生巨量電力，意思是我們可以一直開著燈，產生的溫室氣體卻少很多。法國已仰賴核能好幾十年，就像冰島與巴西一樣，宣稱每人的碳排放量低很多。要如何降低化石燃料使用量，目前並沒有完美解答。生質燃料會提高糧食價格，導致森林摧毀，而核能或許不會排放溫室氣體，但的確會產生核廢料。

能源效率

脫碳電力系統是節能的方法之一。透過智慧電錶（smart meters）與可以自然通風和隔絕室內環境的建築設計，在建築物內充分利用能源，都能降低能源消耗。關於最先進的建築技術已經有一些令人驚艷的例子，能源使用量非常低。曼徹斯特的一天使廣場（One Angel Square）為合作社集團（Co-operative Group）總部所在：高 15 層樓，有回收裝置可以循環雨水與洗滌水再利用，使用低功耗 LED 燈，內部有汽電共生發電廠（combined heat and power plants），這些都能產生絕佳的成本效益。

交通

降低交通的碳排放量，不僅能減少二氧化碳，也能減少有嚴重健康隱憂的其他無形有害氣體，如空氣懸浮微粒、一氧化二氮、一氧化碳，與碳氫化合物的有毒混合物。全世界願意為了在轄區內生活與工作的數百萬人民而同意降低汙染程度的城市愈來愈多。推廣大眾運輸，並採用可減少 42% 二氧化碳排放量的油電混合公車，現在成了都市裡常見的風景，如倫敦。

興建自行車道及運用城市公共自行車，是更清潔的選擇；或者
規劃人行道，讓人民可以有乾淨又安全的空間從 A 點走到 B
點。以上所有措施都需要計畫與投資，不過對生活品質和減少
溫室氣體的長期效益無可限量。

回收、改造、減量、再利用

　　英國人凱特 · 賽門（Kate Salmon）與三個朋友划越大西
洋的動機是想凸顯海洋中的塑膠汙染問題。那是一趟痛苦的旅
程，不僅是身上長水泡、背部曬傷及四肢痠痛，也包括旅途中
所拍攝、親眼見證的驚人照片與影片，他們目睹海上的塑膠垃
圾比野生動物還多。這群無畏的人說明了一個全球問題：垃圾。
海洋生物因人類丟在海中的垃圾而死的荒蕪影像，可能引發強
烈情感，但卻是血淋淋的事實，也激發出真正的動機。

　　回收的成本固然有待商榷，還挾帶了其他有影響的爭議，
包括把垃圾賣給規定較不嚴格的國家，或是許多塑膠垃圾的等
級較低，無法回收再利用。對塑膠袋課徵費用、對使用一次性
塑膠瓶的行為施以社會壓力，以及一般商業包裝的限制等政策
方案，都是必要手段，且已產生初步效果。許多人認為這樣還
不夠，還有很多地方仍需努力，未來才能達到淨零排放（zero
net emission）。

　　明擺在眼前的事實是全民的消費愈少，產生的垃圾就愈
少。部分政府已開始推出家戶和公司行號為自己的垃圾付費的
措施，錢向來是強烈動機。在英國，對公司行號與家庭施行一
貫的回收標準，是讓每個人為自家產品和包裝負起責任的重要
手段。環境公益組織也是對政府施壓及對社區賦能不可或缺的

角色。淨攤與街道清掃，全體人民一起清除垃圾，是全民決定改變習慣非常明顯的範例。個別倡議者，如凱特 · 賽門，在凸顯垃圾議題方面也是重要角色。

食物與甲烷

　　二氧化碳可能是最普遍的溫室氣體，但甲烷（CH_4）的強度更強，吸熱能力高二氧化碳 84 倍以上。從 1750 年開始，全球甲烷含量呈倍數增長，大部分是源自石油與天然氣、塑膠以及畜牧業產生的氣體。

　　根據聯合國糧食與農業組織（UN's Food and Agriculture Organization）的報告，牲畜（牛、豬、羊與家禽）排放的甲烷，占全球溫室氣體的 14.5%，其中牛占最大宗。這不是動物的錯，而是人為造成，是畜牧業，也是我們嗜肉成癮的關係。怎麼解決呢？少吃肉是其一，蔬菜含量偏高的飲食，對人體及環境都有幫助。不過，研究顯示餵食牲畜營養豐富的海草、洋蔥與益生菌，可以減少牛的甲烷排放量 50%。除了溫室氣體傳播以外，利用衛星影像監測甲烷洩漏情形迫在眉睫，如此一來可以更清楚知道哪裡正在排放甲烷，以及排放量；尤其是永凍土正在融化之處，會從海面下釋放此氣體。

林地復育 （Reforestation）

　　森林與溼地是碳捕獲必不可缺的條件。從工業時代開始，人類為了集中耕種和畜牧而砍伐大片森林，不太注重樹木對維持生命的重要性。森林是地球的肺，少了森林，我們會窒息。不只是二氧化碳的關係，森林對水循環也很重要，水循環是水

蒸氣從樹葉蒸散時的循環與淨化，會被樹根與土壤再吸收和過濾。森林也容納了不同的生態系統，增添生命的豐富和必要的多樣性。雖然得運用環保科技才能穩定再生能源的來源，但是就清潔空氣與水而言，森林和溼地是不可或缺的角色。

認為森林具有保護作用的新見解指出，樹冠可作為隔熱裝置，在周圍溫度高升時冷卻下層植被（或林下植物）；環境較寒冷時則溫暖下層植被。這可以降低升溫對森林生物多樣性和功能的衝擊嚴重度。

為了理解此議題，不只全世界的科學研究機構投入，人們也都知道時間不夠了。要更深入探討氣候變遷的議題，需要一整套百科全書，而不只是一個篇章。但是身為本書作者，我們強烈呼籲氣候變遷這項全球議題對我們的重要性。

最後，讓我們重申第八任聯合國祕書長潘基文（Ban Ki-moon）的致辭：

> 拯救地球、幫助人民脫貧、推動經濟成長……都是同一場戰役。我們務必把氣候變遷、水資源匱乏、能源短缺、全球健康、糧食安全與女性賦權全部連結在一起。只要解決其中一個問題，必定能解決所有問題。

幫助地球的十個簡單方法

1.

少吃肉

2.

購買在地食物

3.

利用大眾運輸

4.

種植更多樹木與植物

5.

實施居家節能措施

6.

永續性購物

7.

不使用一次性塑膠製品

8.

減量、再利用、回收

9.

節省用水並更有效率地用水

10.

享受大自然與戶外活動

詞彙表

英 數

X光（X-rays）
太陽發散的一種輻射線，波長極短。

ㄅ

《巴黎協議》（Paris Agreement）
《聯合國氣候變遷綱要公約》（United Nations Framework Convention on Climate Change, UNFCCC）中的氣候協議，由196個會員國在2016年12月簽署，目的是把全球氣溫上升幅度控制在2℃內，盡力降低氣候變遷的衝擊。

白吉龍過程（Bergeron process）
由科學家托爾·白吉龍（Tor Bergeron）於1933年提出，是過冷水滴接觸到固態雲凝結核時結冰的過程，之後凝結核會在水蒸氣沉積其上時變大。是引發降水的主要過程。

背風坡（Leeward）
山脈或丘陵的遮蔽側。天氣條件往往較暖且乾燥，但可能颳起陣風。

背風陣性（Lee gustiness）
在穩定氣流期間形成的陣風。當風碰到山岳而轉向，會產生空氣轉子（rotors of air）；在山脈的背風側，陣風會變強。

暴洪（Flash flooding）
暴雨造成地面水蓄積在陸地上，或溪流因為短時間內湧入太多水迅速衝破河岸時發生的現象。暴洪通常會快速達到顛峰又消退。

本吉拉寒流（Benguela Current）
在南非西岸附近往北流動的洋流，是更大的南大西洋環流的一部分。

冰期（Glacial periods）
冰河時期期間，溫度低於季節性均溫的一段區間，是謂為冰進（glacial advance）。間冰期（Interglacial period）則是指兩次冰期之間，地球比較溫暖的時期。

冰雪圈（Cryosphere）
世界上被冰覆蓋的區域。

ㄆ

波長（Wavelength）
光譜發散出的兩個波形高峰或兩個波形低谷之間的長度。在肉眼可見的光譜中，紫色波長最短，而紅色的波長較長。

噴射氣流（Jet stream）
高層對流層中快速移動的氣流，依其強度、形狀與位置而異，促使地面天氣發展。噴射氣流會橫跨大西洋發展並驅使天氣系統朝歐洲移動。全世界中緯度地區都會發生類似的狀況。

偏心率（Eccentricity）
行星繞行太陽的軌道形狀，從圓形到橢圓形。

平流（**Advection**）
液體內部熱或能量的水平傳輸。

平流層（**Stratosphere**）
地表上空的第二層大氣，會隨高度升溫。臭氧層就位於此層，也是該層比較炎熱的部分原因。

平流層極地漩渦
（**Stratospheric Polar Vortex, SPV**）
兩極上空50公里處的強勁漩渦，會在極地冬季月分中發展，並捕獲循環中較冷的空氣。

平流層驟暖（**Sudden Stratospheric Warming, SSW**）
冬天時兩極上空平流層極地漩渦突然減弱，造成大氣高層原本持續的強風變弱，最後導致風向逆轉。之後會對地面造成數週或數月的影響，噴射氣流減弱，受其他的風主導。在英國與歐洲，有可能使冬季尾聲時更加寒冷。

平流霧（**Advection fog**）
主要出現在水域上方，如湖或海。溫暖、潮溼的空氣移動到相對較冷的空氣上方。高處比較溫暖的空氣會冷卻至無法維持溼氣的溫度，形成水滴。

ㄇ

摩爾定律（**Moore's Law**）
計算能力的理論性增長，每18個月會增加一倍。

密史脫拉風（**Mistral wind**）
吹向法國及地中海的局部風。是強勁又寒冷的北風或西北風，常有冷鋒跟隨在後。空氣非常清澈，能見度高。

ㄈ

費雷爾環流圈（**Ferrel Cell**）
三個大氣循環之一，描述全球空氣的大範圍移動3D景象。費雷爾環流圈位於中緯度地區上空，在地環流圈（**Polar cell**）南方與哈德理環流圈（**Hadley cell**）北方。

反照率（**Albedo**）
表面反射光的能力。雪的反照率高，草的反照率則低很多。

反聖嬰現象（**La Niña**）
南美西部沿岸太平洋海水的顯著冷卻。東南太平洋通常都很冷，但是來自深海海水的「湧升流」，會讓溫度下降更多。也會造成全世界正常的天氣型態改變。

焚風（**Foehn Wind**）（焚風效應）
從山的背風坡往下吹的暖風，特性由迎風坡改動。這種風挾帶的空氣比較乾燥、溫暖，且雲比較少。當空氣沿著背風坡下降，加成的壓縮效應讓會空氣更溫暖。因此山岳兩側的溫度差異可能很大。

風暴潮（**Storm surge**）
水位比正常高很多的湧浪，是氣壓較

低的暴風造成，海平面得以上升，強風把水體推往特定方向。風暴潮往陸地方向移動時，會造成沿岸洪水氾濫。

風切（Wind shear）

風隨高度產生的風力及風向變化。這會增強一些大氣過程，並降低其他現象的強度。

氟氯碳化物 （ChloroFluoroCarbons, CFCs）

用於冰箱、氣溶膠與空調的化學物質，因為發現它會破壞平流層臭氧（保護生物不受有害紫外線輻射所傷的重要成分），自1996年起已禁用。

輻射層（Radiative zone）

太陽內部的一個區帶，最主要的過程是輻射。位於太陽核心附近。此區帶的能量由核融合產生。

輻射霧（Radiation fog）

常出現在夜間風量微弱、天空清澈的霧種，空氣會冷卻並凝結成小水珠。

ㄅ

大力水手行動（Operation Popeye）

越戰期間在胡志明小徑用種雲技術增強降雨的地球工程計畫。

大氣（Atmosphere）

漂浮於行星之上的一層氣體，靠行星的引力保持在適當位置。

大氣壓力（Atmospheric pressure）

空氣對地球表面施加的壓力重量。計量單位是百帕（Hectopascals, hPa）或毫巴（millibars, mb）。

大潮（Spring tides）

最大的潮差，太陽與月球對齊成一直線，對地球的引力最強。一個朔望月會發生兩次。

低壓（Low pressure）

往內螺旋並往上移動的空氣循環，與強風和突然大雨有關。北半球的空氣會逆時鐘方向移動，南半球則相反。

低壓槽（Troughs）

高層氣流的凹陷處，與表面低壓和天氣不穩定有關。

地熱能（Geothermal energy）

從地底下天然熱能獲取熱作為動力。

電離層（Ionosphere）

地球大氣的外層，距離地表約85～1,000公里。來自太陽的極端紫外線與X射線在此將原子與分子離子化。

電漿（Plasma）

物質最熱的狀態。最冷時會變成固態，其次是液體，第三是氣體，第四是電漿。太陽溫度夠高足以產生電漿，裡面含有大量帶電粒子。這些粒子非常活躍，可以違抗太陽的重力場，並脫逸進入太空。

電磁輻射（Electromagnetic radiation, EM radiation）
太陽釋放的輻射，由連續波長構成，從無線電波的長波長輻射，到伽瑪射線的最短波長輻射。紫外線輻射與紅外線輻射都隸屬其中。

對流（Convection）
在液體或氣體內，熱或能量的垂直傳輸。

對流層（Convective zone）
太陽內部，超出輻射帶的區帶，最主要的過程是對流。此過程可讓熱往太陽表面移動，並超出太陽之外。地球大氣中也有對流層（Tropashere）。

對流可用位能（Convective Available Potential Energy, CAPE）
顯示有多少能量可供對流的數值。對流可用位能愈大，受到激發的空氣體愈多。是強對流的風暴是否會產生狂風、暴雨、冰雹，甚至龍捲風的最佳指標。

對流層（Troposphere）
大氣的最低層，溫度涼爽，高處會形成雲及後續的天氣。水文循環就發生在此層大氣，所有形式的水都得以重新補充。

冬至（Winter Solstice）
地球兩極距離太陽最遠的時刻，或太陽運行到另一半球的最遠端時。

ㄊ

太陽風（Solar wind）
高度帶電粒子流，主要是質子和電子，處於電漿狀態，從太陽的日冕延伸而出並釋放。

**太陽風暴（Solar storm），
磁暴（geomagnetic storm）**
挾帶巨量爆炸動能，朝地球湧來的暴風，會往地球的磁極撲去。

太陽輻射（Solar radiation）
太陽以電磁輻射波譜的方式散發的能量。

太陽週期（Solar cycles）
太陽的磁活動有週期性的高低起伏。從較弱的活動到最強的閃焰，整個週期歷時約11年，各世紀的時間不一。

太陽閃焰（Solar flares）
從太陽爆發的輻射與電漿大量噴發。看起來像光的明亮閃光。

碳捕獲（Carbon capture）
一種地球工程技術，可在氣體釋放進入大氣之前，捕獲發電廠排放的碳。

碳循環（Carbon cycle）
一種生地化循環，描述空氣、陸地與海之間的碳交換。

天氣或探空氣球（sounding balloon）
攜帶稱為無線電探空儀（radiosondes）之天氣設備的氣球。

會上升到大氣層，以測量溼度、壓力與溫度。GPS可擷取風速與風向。

土臭素（**Geosmin**）

散發出土地味道的有機化合物。

ㄋ

南大西洋環流（**South Atlantic Gyre**）

橫跨南大西洋的大型海洋環流。

凝結（**Condensation**）

空氣溫度下降至特定程度，氣體變成液體的過程。

暖鋒（**Warm front**）

代表氣團轉變成較溫暖、充滿溼氣的空氣體，可產生較厚的雲層，溼度較高且能降雨或毛毛雨。

濃湯霧（**Peasouper**）

工業時代在大城市會出現的有毒濃霧，當大氣狀況非常平穩，沒有風或雨可以清潔空氣時就會出現。

ㄌ

冷鋒（**Cold front**）

前方溫暖潮溼氣團與後方較冷氣團之間的分界。與風向改變、氣溫下降，及轉變成陣雨／陣風有關。

流星（**Meteor**）

穿越地球大氣層時燃燒的流星體，看起來像一道光流或發射出的星星。

流星體（**Meteoroid**）

石質的星體，有時包含在太空中流動的金屬。大小可能小至像塵土斑點，直徑也可能達10公尺，略小於小行星。

露點（**Dew point**）

低於此點就會凝結成水滴的氣溫。露點與氣溫一樣時，極可能有霧。

羅斯貝波（**Rossby Waves**）

也稱為行星波（planetary waves），羅斯貝波是挾帶許多噴射氣流的高空氣流波。在北半球與南半球跨越中緯度地區可看到這種波列傳遞，由兩極與熱帶的溫度梯度、科氏力及渦度守恆（conservation of vorticity）推動。

龍捲風（**Tornado**）

從積雨雲發展而成的強烈漩渦。是侵襲地表最強勁的風，可能造成極大破壞。

龍捲風與風暴研究組織（**TORnado and storm Research Organisation, TORRO**）

專精風暴與龍捲風的英國研究機構。

ㄍ

改良型藤田級數（**Enhanced Fujita Scale, EFS**）

龍捲風強度的分級數字量表，以觀測到的龍捲風破壞為評估依據，用來顯示龍捲風的風力強度。

高層雲（**Altostratus**）
位於中層的雲。

高壓（**High Pressure**）
大氣中先下降才在地表往外流動，並繞著中心循環的一區空氣。是穩定天氣的徵兆，但是周邊可能發生強風，雲可能被吸入高壓中。在北半球，此壓力系統順時鐘轉動，南半球則相反。

高壓脊（**Ridges**）
高層氣流的最高點，與表面高壓和穩定天氣有關。

過冷水（**Supercooled water**）
溫度低於凝固點的液態水，是雲和雨滴生成的主要成分之一。

光球（**Photosphere**）
太陽可見的表面，會輻射出光線。

ㄎ

科氏力（**Coriolis force**）
在旋轉的表面作用於液體的一股力量，在北半球會讓液體向右順時針轉動，南半球則相反。

ㄏ

核能（**Nuclear energy**）
核電廠內的鈽與鈾核反應產生的能源。稱為低碳能源。

核子冬天（**Nuclear winter**）
核浩劫後接踵而至的一段漫長偏冷的天氣，原子彈爆炸引發的火災產生的大量粉塵停留在大氣層中，阻隔陽光數年之久。據說對氣候造成的衝擊會有深遠影響，主要是比較冷，且乾燥得多。

海洋浮標（**Ocean buoys**）
測量海洋與天氣資料的漂浮船。

寒漠（**Cold desert**）
地球上溫度極低的乾燥地區，如南極大陸的乾燥地區。

《環境戰公約》（**Environmental Modification Convention, ENMOD**）
在祕密進行大力水手行動後，於1978年設立此公約，禁止世界各國「將影響天氣的手段用於軍事目的」。

寒伯特寒流（**Humboldt Current**）
從南極穿過南太平洋東邊往北擴散的寒冷洋流，影響南非的西海岸線。

紅外線（**Infrared**）
太陽發散之輻射電磁波譜的一部分，會產生熱。

ㄐ

基林曲線（**Keeling Curve**）
說明茂納羅亞火山的二氧化碳上升情形，此為夏威夷的觀測站，科學家查爾斯·基林（Charles Keeling）從1958年在此處觀測開始，二氧化碳逐年上

升。此曲線也能看出二氧化碳濃度的季節性變異。

積雨雲 (Cumulonimbus cloud)

這種雲是因為對流而形成，當空中的空氣溫度低很多，並且富含溼氣時會出現。這是最大、最活躍的雲種，會產生雷雨。風可能很強，挾帶暴雨、冰雹、打雷與閃電。龍捲風也是從這種雲的底部發展而成。積雨雲有獨特的鐵砧型頂端，這是雲觸及對流層頂端時擴散開來所致。

積雲行動 (Operation Cumulus)

種雲的英國軍事實驗。有些人認為這場行動導致1952年德文郡林茅斯的暴洪事件，造成35人喪生。目前為止依然無最終結論。

莢狀高積雲 (Altocumulus Lenticularis)

中層至高層的雲種，外型平滑且形似透鏡。

間熱帶輻合帶 (Intertropical Convergence Zone, ITCZ)

不穩定空氣與潮溼熱帶雨，兩個氣團相遇的區帶。每年往北或往南移動，取決於太陽位置，並促進季節雨在全球的能量與動能，包括印度洋季風（Indian monsoon）。

近地天體 (Near Earth Objects, NEO)

太空中任何離地球很近的天體。

進動 (Precession)

星球轉動時發生的搖擺。

降水 (Precipitation)

凝結於大氣層中，因為重力從天而降的物質，如雨、雪或冰雹。

舉升凝結高度 (Lifting Condensation Level, LCL)

大氣中的高度，上升氣團到此高度時溼度會達到100%。雲層底部就在此生成。

颶風 (Hurricane)

橫跨熱帶大西洋、東北太平洋與加勒比海發展的氣旋。

卷層雲 (Cirrostratus)

高層的雲。

ㄎ

氣團 (Air mass)

特性與溼氣和溫度相似的一團空氣。理解氣團特性，是釐清地面條件及天氣如何形成的重要指標。氣團可依來源分類：位於陸地或海洋上方、寒冷或溫暖區域上方。

氣候學家 (Climatologists)

長期鑽研天氣型態的科學家。

氣象衛星 (Weather satellites)

測量太空中的氣象與氣候資料；有些衛星是靜止的，有些則繞行於地球。

氣象與海洋研究（METOCs）

專攻氣象與海洋研究的英國皇家海軍天氣預報員。

氣旋（Cyclone）

大規模的旋轉風暴系統，中心低壓，風速超過每小時32英里或每小時37英里（取決於測量的天氣中心）。依位置與強度而異，有可能歸類為熱帶風暴、颶風與颱風。

伽瑪射線（Gamma rays）

太陽發出的電磁波譜中波長最短的。

全天溫度範圍
（Diurnal temperature range）

從夜晚到白天，包含一整天最低值與最高值的溫度範圍。

ㄒ

系集預報（Ensemble Forecasts）

一組初始狀況全然不同的數值天氣預報。

傾角（Obliquity）

星球傾斜的角度。傾角愈大，星球的季節愈極端。

小行星（Asteroid）

繞行地球的岩石體，小行星比行星還小，但是大小依然顯著。

小潮（Neap tides）

最低的潮差；太陽與月球引力互相對抗，在拉住地球的引力較弱時會發生。一個朔望月會發生兩次。

信風（Trade winds）

位於南北緯30°之間的持續強風，出現在熱帶，往赤道吹。從北半球東北開始吹，也從南半球的東南方吹來。

ㄓ

蒸發、散作用（Evapotranspiration）

樹、植物（蒸散作用）及土地（蒸發）的水，從液體變氣體（水蒸氣）轉換進入大氣時，蒸散與蒸發的綜合過程。

中氣層（Mesosphere）

第三層大氣層，位於平流層正上方。從海平面向上延伸約50～80公里，溫度會隨高度上升而下降。「Meso」的意思是中間，而這層也是地球大氣層的中間層。是將來自太空的碎片燃燒殆盡的重要大氣層，包括流星。

中緯度（Mid-latitudes）

緯度從赤道往北或往南30～60°之間的溫帶地區，此處的氣候往往會有四季更迭。與熱帶不同，熱帶只有溼季與乾季。

ㄔ

赤道（Equator）

緯度0°，環繞整個地球的中央線。

赤道無風帶（Doldrums）

描述橫跨大西洋赤道帶的天氣狀況；

因平靜的天氣會突然地轉變成風暴與
狂風而惡名昭彰。

強烈颱風海燕
（Super Typhoon Haiyan）

2013年重創菲律賓的致命颱風。持續
風速達每小時195英里，超過6,000人
喪生。

臭氧層（Ozone layer）

極薄的一層平流層，會吸收來自太
陽的大部分紫外線輻射、90%的紫外
線B光（UVB），以及全部的紫外線C
光（UVC）（三種紫外線中波長最短
的）。紫外線A光（UVA）則能穿透臭
氧層。

潮土油（Petrichor）

乾期過後，下完雨空氣散發的味道。

春秋分點（Equinox）

太陽位於赤道上方，造成日間時數與
夜間時數大約相等的時節。這會發生
在春天與秋天。

ㄕ

山霧（Hill fog）

類似平流霧，空氣因為山丘上升而被
迫冷卻與凝結。

滲流（Percolation）

水被土壤吸收或滲入石頭的過程，有
時會流進水下湖（underwater lakes）
與蓄水層。

聖嬰—南方震盪（El Niño Southern Oscillation, ENSO）

與聖嬰事件相關的壓力型態，正常高
壓變成遍布南太平洋東部的低壓，造
成此海域西部壓力蓄積。這會使得東
北澳洲與東南亞洲出現比平常還乾燥
的狀況，造成熱浪與乾旱。

聖嬰現象（El Niño）

南美西邊附近太平洋水域的一段暖化
期，會造成信風沿著赤道太平洋逆向。
這個現象會讓全世界的天氣型態都
發生變化，也是所謂「聖嬰—南方震
盪」（請參閱上一個字彙說明）的一部
分。

莽原（Savannah）

主要為草地、灌木及極稀少樹木的生
物群區。雨量不足以擁有森林。分布在
沙漠與雨林之間。

數值天氣預測（Numerical Weather Prediction）

運用數學公式與大氣／海洋模型，根
據目前的條件預測未來的天氣情境。

曙暮光（Crepuscular rays）

光幻視，看起來像從天空中雲後的一
點發出一束束陽光。

水龍捲（Waterspout）

從水體往上延伸至雲層底部的漩渦或
旋風。看起來像龍捲風，有時形成方
式與龍捲風一樣。

水蒸氣 (Water vapour)
由水分子 (H_2O) 組成的溫室氣體，是水的氣態狀態，當液態水達到沸點時會出現。

**水循環或水文循環
 (Hydrological cycle)**
水流經全世界，從雲到河川、海洋和冰，經歷氣體、液體和固體各階段的水路徑。

ㄖ

日冕 (Corona)
從太陽表面延伸好幾百萬英里的電漿。

**日冕物質拋射
 (Coronal Mass Ejections, CME)**
從太陽日冕突然爆發的電漿，有時會接著出現太陽閃焰。日冕物質拋射往往與太陽黑子有關，可延伸進入太空，受其他磁場吸引，包括地球。

熱帶低壓 (Tropical Depression)
位於熱帶上方的廣大低壓，有時是氣旋發展的前身。

增溫層 (Thermosphere)
地球的第四層大氣，高於中氣層。因為吸收來自太陽的輻射，所以溫度會隨高度上升，並依太陽輻射而變化。

ㄗ

紫外線輻射 (Ultraviolet radiation)
太陽發散之電磁波譜的一部分。多數由平流層中的臭氧層吸收，但是有些紫外線輻射會穿透至地表，造成曬傷與皮膚癌。

阻塞高壓 (Blocking High)
持續存在的高壓帶，會導致極端天氣狀況。連續幾天或幾週都會非常乾燥，在冬天的話則會非常寒冷。也會阻塞其他天氣型態，意思是鄰近地區會發生極端降雨。

阻塞型態 (Blocking patterns)
低壓與高壓型態長時間停留在相同位置時，會導致持續且相似的天氣，乾燥或潮溼取決於該區域是處於高壓或低壓。

ㄘ

層積雲 (Stratocumulus)
有一些明確對流的低層雲，但是依然保有層狀構造。往往不會產雨的常見雲種。

層雲 (Stratus)
天空中最低的雲層。stratus這個字的意思源自拉丁文的「層」。

ㄙ

**撒哈拉空氣層
 (Saharan Air Layer, SAL)**
從西非橫跨大西洋的炎熱沙塵空氣

層,位於有強力洋流的較冷溼空氣層
上方。出現此空氣層可大幅降低天氣
系統隨高度的發展。

色球（Chromosphere）

位於太陽光球之上但炎熱很多,溫度
從6,000℃上升到2萬℃。

万

埃克曼螺旋（Ekman Spiral）

描述地面風吹過時水的活動。科氏力
對水體表面或表面流造成的作用,會
讓南半球的水朝風向的左方45°流動,
因此深處水流的水體遷移會與風向
呈90°的移動。水這樣往外散開的路
徑,看起來像螺旋,也是南太平洋東方
「湧升流」的相關過程之一。北半球的
水流則會流向風向的右方。

幺

Omega阻塞（Omega block）

一種大氣阻塞型態,高壓與兩側的
鄰近低壓形成看似希臘字母奧米茄
（Omega, Ω）的形狀。

一

亞速高壓（Azores High）

一塊半永久高壓,坐落於北大西洋
的南邊,尤其是亞速群島（Azores
islands）附近或上方。出現這個反氣
旋,代表有低壓系統環繞其周邊。

夜光雲（Noctilucent clouds）

罕見的雲,在中氣層形成,只有較高緯
度地區曙光乍現時可觀測到。

引力（Gravitational force）

發生在兩個物體之間的力量。各行星
之間,及行星與太陽之間都有引力。物
體愈強,它們的引力愈大。各物體會相
互吸引。

英國氣象局
（Meteorological Office, Met Office）

英國的國家天氣單位。

迎風坡（Windward）

山脈或山丘的一部分,暴露於盛行
風,天氣條件往往較原始,風較強、多
雲且下雨機率較高。

ㄨ

無線電波（Radio waves）

一種長波輻射,是太陽發出之電磁輻
射的一部分。

沃克環流（Walker cell）

一種大氣環流,是往南橫跨南太平洋
的熱帶上方空氣上升與下降的循環現
象。也是聖嬰—南方震盪現象的部分
原因。

外氣層（Exosphere）

大氣的最外層,暴露於外太空。因為較
淡薄,這一層最後會成為太空,光分子
與原子成分逐漸消失。

溫室氣體
（Greenhouse Gases, GHGs）
大氣中吸收與再散發熱的氣體。主要
的溫室氣體有二氧化碳、甲烷、水蒸氣
與一氧化二氮。

ㄩ

雨層雲（Nimbostratus）
低層大氣中負責降水的雲層。

雨影（Rain shadow）
位於山丘或山脈背風處的乾燥區。

雨雲（Nimbus cloud）
「nimbus」源自拉丁文，意思是「降
水」。這種雲是灰色的厚雲，外觀離
散，會降下細雨或毛毛雨。

隕石（Meteorite）
穿過地球大氣層後倖免的流星體，會
撞擊地球。

永凍土（Permafrost）
永遠冰凍的土地或土壤。

致　謝

　　本書得以付梓，都要承蒙我們的編輯瑪蒂亞・阿爾塔夫（Madiya Altaf）如此感興趣。感謝您一路以來的支持與指導，願意聆聽我們口中複雜的天氣世界！也非常感謝薇琪・懷特（Vickie White），你是最了不起也最鞠躬盡瘁的經紀人；薇琪，沒有你源源不絕的靈感和能量，我們不可能與英國邦尼爾出版社（Bonnier Books UK）合作並完成這本書。

　　西蒙（Simon）：我永遠感激太太艾瑪（Emma）的支持，尤其是撰寫本書期間。為了給我空間好好寫書，這段期間都是她花時間陪伴諾亞（Noah）和尼爾（Nell），真的無比感激，謝謝妳。我從小就開始著迷於天氣的世界，所以我想謝謝我的爸媽和學校老師，坦然接受我對天氣的癡迷；感謝雷丁大學（University of Reading）氣象學系職員傑出的教學；也要謝謝英國氣象局與英國廣播公司，賦予我夢想的職業。

　　克萊爾（Clare）：感謝我了不起的家人，總是任我像個孩子般滔滔不絕地談論天氣。謝謝英國氣象局的科學家與預報員——他們的熱情、經驗和對科學研究的審慎態度，深深激勵了我。另外也感謝我的氣象學導師，菲爾・戴克（Phil Dyke）、吉姆・培根（Jim Bacon）、瑪格麗特・愛默生（Margaret Emerson）與羅伯・瓦利（Rob Varley）教授。

作者介紹

西蒙・金（Simon King）

目前在英國廣播公司（BBC）的電視新聞、廣播和線上節目中介紹天氣。他與克萊爾・納西爾共同創作、製作和主持 BBC podcast 節目「風雲下」（Under the Weather）。西蒙以前是大都會辦公室的氣象專家，也是皇家空軍專業預報部門的一員。在接受英國皇家空軍預備役軍官的訓練後，他與軍隊一起被派遣到中東行動，為軍隊提供了關鍵的氣象數據和預報。他擁有氣象學的研究所及大學學位，並且自稱為天氣瘋子！

克萊爾・納西爾（Clare Nasir）

受氣象局培訓的氣象學家，擁有數學理學學士學位和海洋學理學碩士學位。目前是第五頻道新聞的天氣主播，還製作、主持 Met Office podcasts。克萊爾在天氣預報方面擁有 20 多年的經驗，並定期製作天氣和氣候的電視紀錄片。她為 CBBC 推出了備受讚譽的紀錄片系列《野性地球》（Fierce Earth），並出版了 4 本兒童書籍。

國家圖書館出版品預行編目資料

氣象大解密：觀天象、談天氣，解惑常見的101個氣象問題 / 西蒙.金(Simon King), 克萊爾.納西爾(Clare Nasir)著；林心雅, 李文堯, 田昕旻譯. -- 初版. -- 臺中市：晨星出版有限公司, 2021.08
面；　公分. -- (知的！; 174)
譯自：What does rain smell like?
ISBN 978-626-7009-05-5(平裝)

1.氣象學

328　　　　　　　　　　　　　　110009639

填回函
送E-coupon

知的！174	氣象大解密： 觀天象、談天氣，解惑常見的101個氣象問題 **What Does Rain Smell Like?**
作者	西蒙・金(Simon King)、克萊爾・納西爾(Clare Nasir)
譯者	林心雅、李文堯、田昕旻
責任編輯	吳雨書
執行編輯	曾盈慈
封面設計	高鍾琪
美術設計	陳佩幸
負責人	陳銘民
發行所	晨星出版有限公司 407 台中市西屯區工業30路1號1樓 TEL：04-23595820　FAX：04-23550581 Email：service@morningstar.com.tw http://www.morningstar.com.tw 行政院新聞局版台業字第2500號
法律顧問	陳思成律師
初版	西元2021年8月15日　初版1刷
讀者服務專線	TEL：02-23672044 / 04-23595819#230
讀者傳真專線	FAX：02-23635741 / 04-23595493
讀者專用信箱	service@morningstar.com.tw
網路書店	http://www.morningstar.com.tw
郵政劃撥	15060393（知己圖書股份有限公司）
印刷	上好印刷股份有限公司

定價420元

ISBN　978-626-7009-05-5